信息网络系统及计算技术

陶 洋 著

U0172474

科学出版社

北京

内 容 简 介

　　本书重点介绍信息网络系统与计算技术，阐述网络系统及其各种特性，从多个角度剖析信息时代网络的各种应用技术，分析网络与通信、计算、存储和控制等相互联系，最后总结和展望网络的专业化发展及应用。

　　本书适合对信息网络系统、网络计算感兴趣的读者，也可作为相关专业研究生的教材或高级工程技术人员、研究人员的参考书。

图书在版编目（CIP）数据

信息网络系统及计算技术 / 陶洋著. —北京：科学出版社，2020.1
ISBN 978-7-03-063250-0

Ⅰ. ①信… Ⅱ. ①陶… Ⅲ. ①信息网络-网络系统②信息网络-计算技术 Ⅳ. ①TP393

中国版本图书馆 CIP 数据核字（2019）第 249548 号

责任编辑：魏英杰 / 责任校对：郭瑞芝
责任印制：吴兆东 / 封面设计：陈　敬

科 学 出 版 社 出版
北京东黄城根北街 16 号
邮政编码：100717
http://www.sciencep.com
北京中石油彩色印刷有限责任公司 印刷
科学出版社发行　各地新华书店经销
*
2020 年 1 月第 一 版　开本：720×1000　B5
2021 年 4 月第二次印刷　印张：11 1/4
字数：223 000
定价：**90.00 元**
（如有印装质量问题，我社负责调换）

前　言

网络系统作为一种新时代的计算工具，不管我们承认与否，它都已经明确地呈现在我们的面前。作为具有工具特征的网络，不但影响、改变着我们的学术、研究，以及学习方式，而且改变着我们的思维方式、行为方式和生活方式。本书希望在网络业务层和应用层之间，构建一个计算支撑层，即计算层。计算层具有整合、优化网络中各种资源的能力，可以为网络的使用者提供更为有效、丰富的手段和方式。这是一种技术思维，也是一种技术逻辑在学术、需求中的体现，期望会为学术和技术的发展提供新的契合点。

网络系统一旦建立，就具有大量的可用资源，如传输、运算、存储等基础资源，以及在运行过程中形成的信息资源。大量的研究和开发在于如何利用这些资源经过计算提供更加有效的应用服务，我们对这些计算行为进行了系统化的描述和分析，使各类计算模式更为清晰。本书目的是立足资源的整合和管理的整体性、虚拟化，体现网络系统作为计算工具的实质。本书从网络物理资源、逻辑资源和架构资源出发，对网络的特性进行分析，围绕计算行为进行阐述，并运用这种思维分析基于物联网的应用。

本书由陶洋教授确定内容及组织架构，撰写各章节的核心内容。本书共8章，分别由王振宇、赫前进、赵芳金、沈敬红、严志军、欧晗琪、李加成、李鹏亮等同志按照确定的核心内容及撰写方式各完成一章的具体撰写工作。

本书主要内容源自我们的研究成果，包含但不限于科研技术报告、公开发表论文、专利、软件系统，以及已出版的著作等。

由于较多内容具有探索性，不足之处在所难免，敬请读者批评指正，同时恳请同行不吝赐教。

作　者

目　　录

第1章 概　　述

在生活中，我们会接触到各种网络，如电话网络、电视网络。这里主要介绍为人们提供通信的信息网络。大多数人在享受网络带来的便利时，并不了解它的运行环境是怎样构成的。

人们发明网络的初衷是为了实现异地的话音信息传输，随着对网络研究的不断深入，以及技术上的进步，网络上又出现许多新的业务和应用。同时，网络也不断地演变和发展，以期给人们提供更多的信息服务和建立在网络信息通信基础上的各种应用。

虽然通信的网络并没有很长的历史，但是其发展和演变的速度是非常快的。特别是，计算机技术和软件技术出现后给网络的应用和发展带来广阔的前景。网络的发展主要经历了信息化、综合化、智能化和互联网+等几个阶段。

① 信息化。在众多领域，人类已由工业化时代进入信息化时代。进入 21 世纪，信息逐渐成为第一生产要素，将构成信息化社会的重要技术基础。随着经济全球化步伐的加快，信息化对工业社会下的跨国企业产生重大的影响。这一切，都离不开信息这种极其重要的生产要素。因此，各国政府部门、企业集团、科学组织等都在追求拥有自己理想中的信息资源库。各国积极建设的"信息高速公路"，以及电脑普及率的广泛提升等都为全球化的形成奠定了可靠且坚实的基础。

现在，接入互联网并获取网上丰富的信息资源已经非常简单。用户以非常低的网络费用就可以获得多种多样的互联网服务。

② 综合化。网络发展过程中出现过根据信息的自然形式而形成不同网络的局面，如基于话音的语音通信网络、基于文件传输的计算机网络、基于图像传递的有线电视网络等。有时人们将这种局面的形成归结于人为原因，但其实更多是受到技术的影响和制约。网络已开始走向业务和应用的综合化，即一个网络可以实现多种自然形式的信息通信、各种网络的互连。这就是我们通常说的网络融合。

③ 智能化。信息网络的智能化指用户感知良好、运营管理方便、业务开通灵活、用户可识别、业务可区分、质量可控制、网络可管理，可以提供高速协同接入、资源自助指配、速度针对性保障的差异化服务。

智能一般具有这样一些特点。一是具有感知能力，即具有能够感知外部世界、获取外部信息的能力，这是产生智能活动的前提条件和必要条件。二是具有记忆和思维能力，即能够存储感知到的外部信息及由思维产生的知识，同时能够利用已有的知识对信息进行分析、计算、比较、判断、联想、决策。三是具有学习能力和自适应能力，即通过与环境的相互作用，不断学习积累知识，使自己能够适应环境变化。四是具有行为决策能力，即对外界的刺激作出反应，形成决策并传达相应的信息。具有上述特点的网络信息系统就是智能网络系统或智能化网络系统。

④ 互联网+。互联网+是知识社会创新 2.0 推动下的互联网形态演进及其催生的经济社会发展的新的形态。互联网+是互联网思维进一步实践的成果，推动经济形态不断地发生演变，可以为改革、创新、发展提供广阔的网络平台。

互联网+就是互联网与各个传统行业的结合，但这并不是简单的两者相加，而是利用信息通信技术及互联网平台，让互联网与传统行业进行深度融合，创造新的发展形态。它代表一种新的社会形态，即充分发挥互联网在社会资源配置中的优化和集成作用，将互联网的创新成果深度融合于经济、社会各领域之中，提升全社会的创新力和生产力，形成更广泛的以互联网为基础设施和实现工具的经济发展新形态。

1.1　网　络　系　统

网络是一个庞大的系统，由若干个子系统或网元组成。由于其包括大量的设备、规程、标准及约定，因此不论是理论上，还是技术上都是非常复杂的。

按结构，我们可以将网络分为传输、转接和接入三类系统。但是，只有这些设备还不能形成一个完善的通信网，还必须包括信令、协议和标准。从某种意义上说，信令是网络节点之间相互联络的依据，协议和标准是构成网络的准则。它们共同作用可以使用户之间，用户和网络资源之间，以及各交换设备之间互连。

网络硬件主要有网络服务器、网络介质、网络适配器、中继器、交换机、路由器等。网络软件主要有网络协议和网络操作系统。网络协议由相关组织制定，主要的协议有传输控制协议/网际协议(Transmission Control Protocol/Internet Protocol, TCP/IP)协议族和 IP 地址等。网络系统的构成如图 1-1 所示。

1.1.1　网络系统简介

网络在计算机领域作为一种虚拟平台完成信息的传输、接收和共享。通过网络将散布在各处的信息联系到一起，通过筛选和挖掘，提炼出有用的信息，从而实现信息的获取和共享。通过物理链路将多个独立工作的工作站或主机连接在一起协同工作就形成一个网络整体。将处在不同地理位置，具备独立工作能力和功能的计算机系统通过网络设备和通信线路连接在一起，并以功能强大的网络协议和网络操作系统实现信息交换和共享的系统都是网络系统[1]。

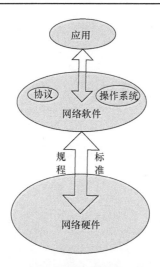

图 1-1 网络系统的构成

　　建立网络的目的是希望通过网络完成通信活动，以及在通信活动基础上的应用行为。网络的发展是随着人们对网络提供的信息通信服务种类、服务质量需求的不断增加而发展的。人的需求推动了网络及其相关技术的不断进步。对网络业务及应用的研究不但是掌握网络系统所必须的，而且也会给把握网络的发展方向提供支持。

　　信息通信网络的任务就是向用户提供业务和应用。良好的通信业务和应用可以使用户获益。与此同时，业务与应用也可以使信息服务提供商获益，提供商提供的业务和应用越多，受益也越大。

　　通信网提供的业务极为广泛，通常与其他的实际应用系统有很多相似之处。例如，电缆电视或广播电视这样的通信网所进行的信息分配，类似于为用户服务的供水供电系统。另一方面，通信网在应用上具有极大的灵活性，在这方面很像交通运输网络。由于有了运输网，人员和货物可以流动；同样，有了通信网，信息才可以四通八达。有了这两种网络，才可能发展多种新业务。例如，邮寄业务的发展需要好的运输系统；同样，电子邮件业务的发展需要高效的通信网。图 1-2 是通信网的构成要素示意图。

　　上面讲的通信网网络基本元素可以分为传输、转接和接入三类系统，每一类系统都包含硬件平台、操作系统(过于简单的系统或许没有)、功能软件三个方面。网络元素的基本结构如图 1-3 所示。

　　通信网可以具有极高的传输速度，使用户几乎在瞬间就可以聚集大量信息，而借助计算机又可以立即执行远距离操作。这两种能力成为现有业务和未来业务的基础。

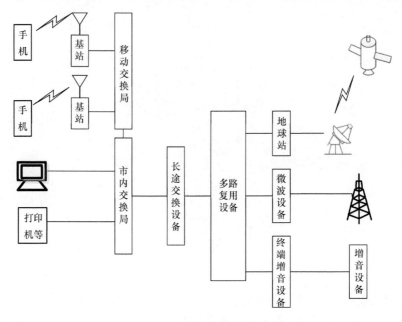

图 1-2 通信网的构成要素示意图

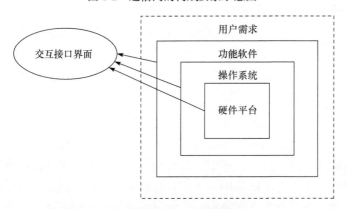

图 1-3 网络元素的基本结构

随着业务与应用的不断发展，有些通信方式的业务质量很差，如电报等已经在发展中消失，被新的数据通信方式取代。然而，电话所用的技术经历了几代的变化，但至今仍是人们进行通信的主要手段之一。

当前业务和应用由于因特网和移动技术的引入正在发生巨大的变化。移动通信已经超过常规的固定通信，可视电话取代常规电话的现实性已经展现，固定网络和移动网络正在走向融合。以电话为主的应用已经向多媒体应用发展，数据通信的比重正在不断增大，内容的提供已经成为信息通信行业的一个重要方面。信息业的产业链正在快速形成与发展，信息通信正在促进全社会的信息化。

面对这种变化，产业的竞争日益加剧。一些企业会由于一些适时的技术和广为用户欢迎的服务与应用迅速发展起来。在所有的发展决策中，业务和应用的决策是至关重要的。一个好的业务与应用会带来巨大的商机，促进技术的发展，而一个新的技术却未必这样。道理很简单，企业收入源于用户，而用户需要的是业务与应用，至于这些业务与应用是如何提供的，不是用户所关心的。因此，如何合理有步骤地发展新业务和新应用，如何通过促进信息产业链的发展来促进新业务和新应用的发展是值得研究的重大课题。在这一点上，用户是至高无上的。只有很好地满足用户的需求，才能从用户得到回报。

1.1.2　传输系统简介

网络传输是指用一系列的传输线路(光纤、双绞线等)经过电路的调整变化，依据网络传输协议进行通信的过程。网络传输需要介质，也就是网络中发送方与接收方之间的物理通路，它对网络的数据通信具有一定的影响。传输系统是数据通信系统的一部分，负责将通信系统中的源端和目的端连接起来，它可能是直接连接，也可能是通过一个或者多个网络系统进行连接。

任何节点之间的信息传递都必须有相应的线路，在图论中体现为边，在网络中体现为传输系统。传输系统分两步实现，第一步为网络节点与网络节点的连接，第二步为网络节点与用户的连接，即"最后一公里"的信息传输。

传输系统把语音、数据、图像等多种类型的信息转变成电信号，经过调制，把频谱调整到适合在某种介质传输的频段，再转成某种有利于传输的电磁波传送到对方，经解调还原为电信号，即传输系统是包括调制-传输-解调全过程的通信设备的总和。传输系统作为信道可连接两个终端设备构成电信系统，作为链路则可连接网络节点的交换系统构成电信网。

传输系统在传输信号的过程中，很容易受到一些导致信号质量恶化因素(衰减、噪声、失真、串音、干扰、衰落等)的影响。为了提高传输质量，扩大容量、并取得技术、经济方面的优势，传输技术必须不断地发展与提高。传输系统的发展水平主要以传输媒质的开发和调制技术的进步为标志，以传输质量、系统容量、经济性、适应性、可靠性、可维护性等为衡量标准。提高工作频率来扩展绝对带宽和以压缩已调信号占用带宽来提高频谱利用率，是有效扩大传输系统容量的重要手段。如图 1-4 所示为网络传输系统示意图。

传输系统由处理传输信号、管理信道的端设备，以及传输线路构成。一个网络可能具有若干这种不同的传输系统。不同的传输系统可能同时出现在任意两个交换节点之间。有时人们将交换节点之间由传输系统组成的更庞大、更复杂的系统称为传输网络。但就实质而言，它仍是网络的一部分，是网络的一个组成元素[2]。

传输系统分为同步传输系统和异步传输系统。异步传输系统是根据传输时信息的接收方和发送方对所传信息的确认应答信号来完成信息的传输。它只与信息传输的正确性有关，传输效率低、控制复杂，一般不作为网络交换节点之间传输的评判标准。同步传输系统是信息接收和发送的双方利用统一的时间信号作为同步信号来约定信息的接收和发送。这种方式在传输线路和控制系统具有相当可靠性的前提下使用，传输效率高、控制简单。目前的网络大量采用同步传输系统方式，因此本书主要介绍同步传输系统。网络的同步包含传输系统和交换系统的时间信号同步。这些时间信号及传输的线路可以构成同步网络。

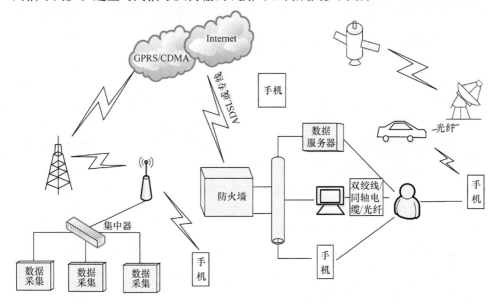

图 1-4　网络传输系统示意图

我们知道，信道方式只有有线和无线，而传输系统却有很多种，其差别在于传输系统的端设备。端设备的差别在于具有不同的结构，即从硬件平台到操作界面的各个方面都有差别，这就构成了传输设备的多样性。另一方面，就同一制式的传输系统，不同厂家在不同层次的实现方式也是构成传输系统多样性的原因。在同一网络中，传输系统的多样性会增加网络的运行、管理成本，增大故障率，降低传输效率。随着传输技术的进步和人们对网络认识的深入，人们也开始重视传输系统在组网中的一致性问题。

1.1.3　网络业务与应用

信息通信网络是提供服务的，所以站在信息通信网络的角度，我们要研究的主要是业务的分类。业务是应用的基础，为了更好地支持各种应用，我们也需要关注应用的需要，这里只是对面向大众的应用作一些粗略的分类。

总体来讲，可以将业务分为信息承载业务和网络业务两个大类。信息承载业务与应用无关，可以单独提供，也可作为下一类业务的基础；涉及较高层功能与资源的网络服务，往往与某一种或某一些应用相关。

1. 业务与应用模型

网络应用是一种网络化的事务活动，也就是利用网络系统提供的业务支持、网络资源和信息资源完成的社会日常事务流程或活动，如政府管理、商业活动、教育教学等。由于网络具有明显的分布特征，应用可以完成许多分布进行的社会活动，如远程教育、远程医疗等。

网络业务可以直接面向用户，但它只是起到传递信息的作用，在整个事务或事件中只完成了一个环节。网络应用是网络面向使用者的一种高级界面或接口，需要信息传递(除业务)和其他环节的支持。

网络应用与网络其他系统的关系如图 1-5 所示。任何网络都有信息资源，只是量和服务性质的差别，有的只有支持运行和管理的信息，如电话通信网络；有的不仅有运行和管理的信息，还有大量直接向使用者提供服务的信息，如有线电视网络的电视节目信息、Internet 和 Intranet 上数据库服务器存储的信息等。网络应用必须有网络业务(信息传递)、事务活动所需要的信息和网络资源的支持，才能实现应用要求完成的功能。但是，应用也必须由网络管理系统管理，才能协调而优化地进行。

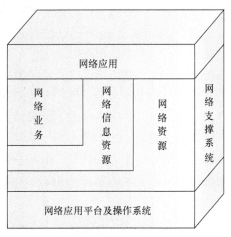

图 1-5　网络应用与网络其他系统的关系

应用需要的各种支持具有不同的功能。首先是网络业务，业务是应用的组件，特别是实现应用分布功能的时候，这些组件是必不可少的，它们可以将信息收集起来，也可以将信息发送出去；可以是点到点的信息传递，也可以是广播式的信息传递。在应用中，业务种类和信息方式是可选择的，也存在不同业务支持统一应用，使应用具有不同的特性。其次是网络资源。应用作为网络化和电子化的商务活动，从广义上讲都是信息处理，因此需要处理资源支持信息的计算，存储资源、带宽资源支持信息的传输。不同的应用对网络信息资源的需求是不同的，包括资源种类、资源量及资源直接的配置关系。最后是信息资源，应用不但依赖信息的加工和处理，而且依赖信息本身。其中信息加工和处理后的不同的决策活动应用需要不同的信息资源。

未来业务将呈现多维度特性，如终端多样化、业务种类丰富化、通信模式复杂化等，主要有带宽需求大、互动性增强、实时性要求高、流量和流向具有不确定性、强调数据和网络的安全性等特点。

2. 业务与应用框架

网络为用户提供的所有能力或功能都可以称为业务或网络业务。全球信息基础设施(global information infrastructure, GII)的建议书 Y.110 对业务与应用从不同的角度做了定义。为了在一个价值链上向上走，客户角色会从供应角色处请求并激活业务。业务以角色之间发生的交易为特征，一般来说，客户角色将为其需要的每一个价值项目请求服务。业务是在不同参与者扮演的角色之间提供的，同时业务是在一个契约的背景下提供的，必须具有充分的特征，以便契约能完成并得到验证。

网络业务可以分为两个方面。一方面是信息的透明传送，包括信号的传输、交换、选路、寻址、质量服务(quality of service, QoS)保证，以及信息传输中相关的其他处理，如网络层面的接入控制、流量控制、认证、加密与解密、信息的编码与解码、压缩等。在网络服务中，这相当于综合业务数字网(integrated services digital network, ISDN)与应用无关的承载业务。另一方面是基于信息传送的其他服务能力，涉及较高的协议层次，与具体应用相关。不管涉及何种应用，就服务提供商而言，都是向用户提供的业务。

就应用而言，客户购买的是使用的全部权利，因此客户在购买后可以重复使用多次。应用的供应与支持是由基础设施角色承担的，而应用的操作则是由 GII 的结构性角色承担的。一个应用一旦进入操作，就会变成基础设施型业务的用户，因此变为用户域的一部分。GII 中的结构角色和基础设施角色示意图如图 1-6 所示。

应用是使用者为了某种目的进行的信息处理相关的活动，包括本地应用和网络应用。当一个应用不涉及远程操作和分布式处理时，网络的信息传递业务是不

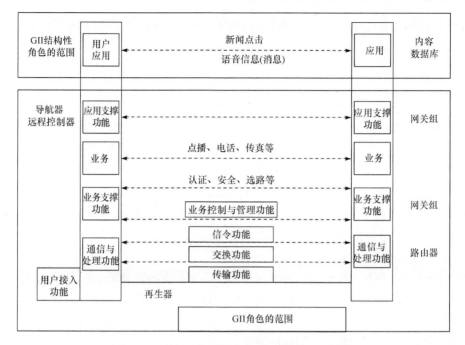

图 1-6 GII 中的结构角色和基础设施角色示意图

必要的，这样的应用为本地应用。另一种应用是远程应用或分布式应用，也就是网络应用。在进行远程应用或分布式应用时，网络的信息传送业务及其他支持功能是不可缺少的。在分布式处理与应用中，网络服务可以使地理上分散的应用集中在一起。

网络业务是网络应用的支撑和基础。网络应用是人们使用网络业务进行的与信息处理相关的活动。网络应用除了需要网络业务，还需要一些特定软硬件的支撑。一种网络业务可以支持多种应用，一个应用也可能会涉及多种不同的网络业务。

由此可见，GII 对业务与应用是基于角色的概念定义的。Y.110 还强调应用与业务的区别，因为它不但反映两者在商务安排上的差别，而且反映电信行业与信息技术(information technology, IT)行业的分工。电信行业是提供业务，而信息行业是提供应用。

1.2 网络系统架构

网络是用于信息传递网络的所有共性的总称，具有综合性和整体性。网络系统构架是指通信系统的整体设计，为网络硬件、软件、协议、存取控制和拓扑提供标准，是一个从物理层到应用层的完整网络系统的总体结构。它包括描述协议和通信机制的设计原则，可以描述一组抽象的规则，指导网络终端通信机制的设计和通信协议的实现。

1.2.1 基本架构

网络体系架构是计算机之间相互通信的层次，以及各层协议和层次之间接口的集合。计算机网络是一个非常复杂的系统，需要解决的问题很多，并且性质各不相同。因此，在 ARPANET 设计时，人们就提出分层的思想，即将庞大而复杂的问题分为若干较小的易于处理的局部问题。1978 年，国际标准化组织提出开放系统互连基本参考模型(open systems interconnection reference modle, OSI-RM)，简称 OSI。OSI 得到了国际上的承认，成为其他各种计算机网络体系结构参照的标准，极大地推动了计算机网络的发展。这种按层划分的网络体系结构具有如下优点。

① 各层之间是相互独立的。

任何一层并不需要知道它的下一层和上一层是如何实现的，只是知道下一层通过层间接口提供的服务和可调用的功能，以及上一层需要本层提供什么样的服务和功能支持。每层都只实现一种相对独立的功能，将一个庞大复杂的问题分成若干个小问题，因此简化了问题的复杂程度[3]。

② 适应性、灵活性好。

如果系统的某层发生变化，只要与上下层的接口关系和功能不变，则上下层均不受到影响，因此便于该层的修改、扩展。

③ 结构上可以分割，功能易于优化、实现。

由于各层结构上是可分开的，因此可以根据实现的功能特性，独立于其他层选择最适合本层的技术来实现。

④ 易于维护和管理。

这种结构使各层实现的功能相对独立，从而使该层的软件、硬件系统具有专用特点，变得容易维护和管理。

⑤ 促进标准化。

每一层的功能和所提供的服务都有精确的说明和描述，使具有同样层次结构的系统易于标准化。

OSI 七层参考模型如图 1-7 所示。OSI 的 1、2、3 层合称低层，第 4 层(传输层)称为中间层，5、6、7 层合称高层。高层与中间层又合称主机层，低层又称为介质层。应用层、表示层和会话层都是面向应用程序的，它们负责用户接口。传输层、网络层、数据链路层和物理层是面向网络的，负责处理数据的传输，如数据报的组装、路由选择和校验等。OSI 数据单元及各层主要功能如表 1-1 所示。

图 1-7　OSI 七层参考模型

表 1-1　OSI 数据单元及各层主要功能

层次	数据单元	主要功能
应用层	原始数据+本层协议控制信息	用户接口处理网络应用 (提供电子邮件、文件传输等用户服务)
表示层	上层数据+本层协议控制信息	数据表示协商数据传输语法 (转换数据格式、数据加密、解密和数据压缩等)
会话层	上层数据+本层协议控制信息	会话建立和管理 (在应用程序之间建立、维持和终止对话)
传输层	数据段	端到端的连接 (网络资源的最佳利用、端到端数据传送控制、数据分段)
网络层	分组	寻址和最短路径 (路由选择、流量和拥塞控制、计费信息管理)
数据链路层	数据帧	接入介质 (组帧、错误检测和校正、寻址、提供可靠的数据传输)
物理层	比特流	二进制传输 (数据的物理传输、发送比特流)

　　可以看出，它并没有明确地描述用于各层的协议和服务，只是告诉我们各层的功能及其作用，但是已经清楚地给我们描述了网络互连的框架和主机系统之间的数据信息是如何实现传递或交换的。

　　一般来说，我们可以从多个角度对网络的体系结构进行描述。

① 从资源的角度来看，网络在于实现各种信息与资源的共享，所以网络必须具有传输、处理和存储等方面的能力和资源来支撑和协调整个网络系统，缺一不可。如图 1-8 所示为网络资源结构图。

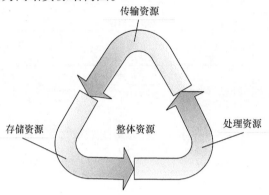

图 1-8　网络资源结构

② 从结构抽象的角度来看，网络可以按垂直结构分解，也可以按水平结构分解。

按垂直结构分解，网络由网络拓扑及物理平台、网络软件及控制系统、网络业务系统和网络支撑系统四个部分组成，如图 1-9 所示。

图 1-9　网络垂直结构分解图

网络拓扑及物理平台是通信网的基础，包括交换设备、传输设备，以及终端设备等，主要通过软件及控制系统来协调运作。

网络软件及控制系统代表信息传递的流程，包括各种操作系统、协议、规程、约定和质量标准等，还包括传输交换节点的操作系统及应用程序。

网络业务系统实现网络的服务功能，包括网络支持的全部信息传递业务。它建立在网络的软硬件资源之上，为用户提供高层次的信息传递服务。

网络支撑系统起着支撑辅助的作用，包括网络同步、网络管理，以及安全系统等，可以对网络进行实时监视与控制。

按水平结构分解，网络从实现的功能上可以分为终端系统、接入网、核心网(如图 1-10)。

图 1-10　网络水平结构分解图

在图 1-10 中，UNI(user networks interface)指用户网络接口，用于支持各种业务的接入；SNI(service node interface)指业务节点接口，用于将各种用户业务与交换机连接。

核心网由信息的转发点、接收点，以及传输系统组成，实现网络节点之间的信息转移传递。接入网介于交换设备与用户之间，为交换设备和用户提供连接通道。终端系统包括用户终端、用户驻地的布线网络，以及局域网络等。

③ 从运行机制的角度来看，网络由终端系统、交换转接系统和传输系统组成。每个网络节点(如业务节点、管理节点、信令节点、终端等)可以归入相应操作系统、协议标准、信息业务、网络管理等要点，由此可以得到网络运行的要素结构，如图 1-11 所示。

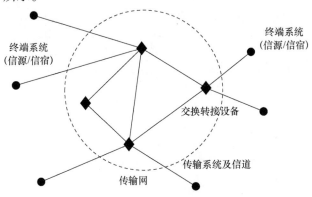

图 1-11　网络运行的要素结构

对于使用者来说，网络存在的意义就是能够提供充足的资源和便捷的服务。从基础资源到信息资源，使用者一直在不断地获取网络提供的各种信息。同时在使用网络的过程中，网络呈现的运行机制的便捷性也是使用者关注的要点。网络业务的可实现性可以为用户提供各种服务。

在人类漫长的历史中，一项技术的整体进步往往在于部分结构的发展，网络亦是如此。我们在对网络的研究和学习中，首先要树立网络的整体概念，绝不能孤立地看待网络中的某一个部分和某一种技术。网络的研究强调系统化的协调和匹配，在把握整体网络的同时去深入研究网络的每一个部分，才能更好地研究网络中的诸多问题，如网络的结构、网络的规划，以及网络的可靠性和优化等。

1.2.2 协议架构

网络协议是计算机网络和分布式系统中互相通信的对等实体间交换信息时必须遵守的规则的集合。因特网体系结构有时也称为 TCP/IP 体系结构，因为 TCP 和IP是它的两个主要协议(图 1-12)。因特网体系结构的另一种视角如图 1-13 所示。TCP/IP 模型是至今发展最成功的通信模型，用于构筑目前最大的、开放的互联网络系统 Internet。TCP/IP 模型包括不同的层次结构，每一层负责不同的通信功能。因特网和 ARPANET 早于 OSI 体系结构的出现，并对 OSI 产生极大的影响。

图 1-12　因特网协议图

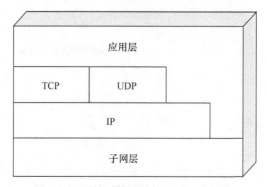

图 1-13　因特网体系结构的另一个视角

　　OSI多用于理论分析,在实际网络搭建过程中更多的是采用TCP/IP四层模型。如图 1-14 所示,在 TCP/IP 模型中,网际接口层是 TCP/IP 模型的最底层,负责接收从网络层交付的 IP 数据包,并通过底层物理网络将 IP 数据包发送出去,或者从底层物理网络接收物理帧,从中提取 IP 数据报,提交给网络层。

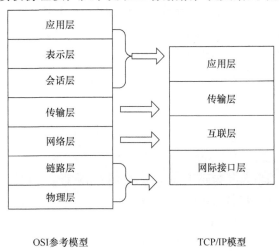

OSI参考模型　　　　　　　　　　　　TCP/IP模型

图 1-14　TCP/IP 体系结构

　　网络层主要实现将分组从源主机送往目的主机,并为分组提供最佳路径选择和交换功能。该过程与它们经过的路径和网络无关。

　　运输层提供从源节点到目的节点之间可靠的端到端的数据通信功能。

　　应用层为用户提供网络应用,并为这些应用提供网络支撑服务,把用户的数据发送到底层,为应用程序提供网络接口。

　　TCP/IP 模型每一层都提供了一组协议,各层协议的集合构成 TCP/IP 模型的协议族。

1. 网络接口层协议

　　TCP/IP 网络接口层包括各种物理网络协议,如 Ethernet、令牌环、帧中继、ISDN 和分组交换网 X.25 等。当各种物理网络被用作传输 IP 数据包的通道时,这种传输过程就可以认为是属于这一层的内容。

2. 网络层协议

　　网络层包括多个重要协议,如 IP、ICMP、ARP 和 RARP。IP 是核心协议,主要规定网络层数据分组的格式。网际控制报文协议(Internet Control Message Protocol, ICMP)提供网络控制和消息传递功能。地址解释协议(Address Resolution

Protocol, ARP)将逻辑地址解析成物理地址。反向地址解释协议(Reverse Address Resolution Protocol, RARP)通过 RARP 广播，将物理地址解析成逻辑地址。

3. 运输层协议

运输层协议主要包含传输控制协议(Transport Control Protocol, TCP)和用户数据报协议(User Datagram Protocol, UDP)两个协议。TCP 是面向连接的协议，通过利用三次握手和滑动窗口机制确保传输的可靠性及流量控制。UDP 指的是面向无连接的不可靠运输层协议。

4. 应用层协议

应用层包括很多应用与应用支撑协议。常见的应用层协议包括文件传输协议(File Transfer Protocol, FTP)、超文本传输协议(Hyper Text Transfer Protocol, HTTP)、简单邮件传输协议(Simple Mail Transfer Protocol, SMTP)、远程登录(Telnet)。常见的应用支撑协议包括域名系统(domain name system, DNS)和简单网络管理协议(Simple Network Management Protocol, SNMP)等。

1.3　网络技术应用发展

1.3.1　架构技术

网络架构主要是为设计、构建和管理通信网络，提供的构架和技术基础的蓝图，涉及系统架构、技术架构、应用架构等。网络构架定义了数据网络通信系统的多个方面，主要包括用户使用的接口类型、网络协议，以及网络布线的类型。典型的网络架构具有一个分层结构。分层是一种现代的网络设计方法，通过将通信任务划分成很多更小的部分。这些小的部分独立工作且具有相关性，每个部分完成一个特定的子任务，用一定数量良好定义的方式与其他部分结合。利用网络架构技术我们需要考虑以下问题。

① 功能分解。网络由哪些部分组成，各部分的主要功能和配置是什么。这种分解可以是物理的，也可以是逻辑的，但一般是比较粗略的分解。另外，需要明确本系统与外部环境的技术性关系。一般需要讨论的问题包括功能在网络中，还是在终端中体现，分多少层/模块合理，C/S 还是 P2P 等。

② 各功能间的关系，包括运行的基本原理和过程等。通常来说，我们要讨论网络的连接状态、安全问题、基本 QoS、网络接口、参考点，以及基本的通信流程等。

此外，还要考虑功能的效用性。

1.3.2　互连技术

网络互连是指将分布在不同区域、不同地理位置、不同工作模式的两个或两个以上的计算机网络通过一定的组网方式用一种或多种网络设备连接起来，从而构成更大的网络系统，以实现网络的数据资源共享。相互连接的网络可以是相同类型的网络，也可以是运行不同网络协议的异构型系统网络。互连的形式一般有局域网、城域网和广域网。网络之间的有效互连主要取决于两个方面：一个方面是传输模式和控制信息的转换与传递；另一个方面是速度的匹配和时延的控制。

不论是同种网络，还是异种网络的互连，网络间的差异都是存在的。目前还没有一种统一的、共同的、全能的方法能解决各种网络之间的互连问题，但是网间互连又要求尽可能地克服网络在性能或功能上的差异，减少网间互连给通信带来的不利影响。归纳起来，网间互连主要包括提供网间互连链路、路由控制及调度，进行网间信令变换，解决网间寻址问题，记录各个网络和网间互连设备的状态信息，提供计费服务等。

在不改变各互联网体系结构的情况下，可以用网间接口设备来协调解决网络之间存在的差异，如寻址方案、网络访问过程、信息分组长度等。

实现两个网络互连，从结构和策略上可以采用以下方法。

(1) 两个网络的节点直接互连

如果两个网络具有公共的标准化接口，这类接口通常属于网络接口互连。如图 1-15 所示，网络节点进行直接网络互连。

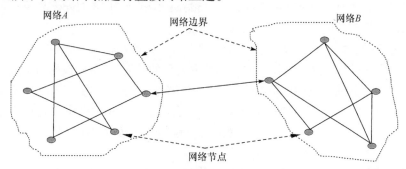

图 1-15　利用网络节点的网络互连

(2) 两个网络通过网间接口设备互连

如果没有统一的接口或标准，已有的设备不具备相应的互连接口或无法进行接口升级，可以采用附加接口的方式进行网络互连。如图 1-16 所示为利用网间接口设备实现网络互连。

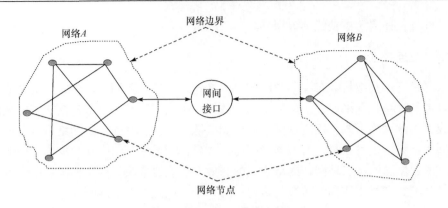

图 1-16　利用网间接口的网络互连

为了实现具有不同网络接口协议和转移模式的网络之间的互连，需要通过网络的接口设备(网关)，进行协议和转移模式的转换。

网络实质上就是各种系统依据一定的规则互连而成的一个复杂、庞大的系统。这些规则包括网络拓扑结构实现的方式、支持的业务和应用种类、运行的效率和质量，以及管理的方式等。

1.3.3　虚拟化技术

随着云计算、大数据等概念的兴起，虚拟化技术的发展也越来越迅速。在早期虚拟化技术的发展中，作为基础架构的虚拟机、服务器虚拟化等硬件虚拟化技术已经发展的有声有色，如 VMware Workstation、Windows Virtual PC 等；在服务器虚拟化领域也有 Citrix XenServer、Windows Server 2008 Hyper-V 和 VMware ESX Server 等成熟的商业化解决方案。然而，同样作为基础构架的网络却还是一直沿用传统的架构。为了使其能更好地满足云计算和互联网发展的需求，网络虚拟化技术应运而生。总的来说，虚拟化的主要目的是对 IT 基础设施进行简化，将计算机物理资源抽象、转换后呈现出来，使消费者以更好的方式应用这些资源[4]。其中，用户、资源的概念与我们以往的概念有所不同。用户既可以是最终用户也可以是访问资源或者一个服务。资源既可以是硬件，又可以是软件，但是其作用是不变的，主要提供一定的功能实现。

用户对资源的访问是通过虚拟资源提供的标准接口进行的，通过这种方式可以将基础设施发生变化给用户带来的伤害降到最低。此外，因为其标准接口并未发生变化，应用程序也无需进行升级或应用补丁。

第 2 章　网络系统特性

2.1　网络动态性

2.1.1　网络动态性概念

网络都具有某种动态特性，如信息交互网络、科学家合作网络、社交网络、生物网络、疾病分子网络等。网络的动态性主要体现在这些复杂的网络系统在不同时刻的快照，以及每个网络的进化情况。下面主要从网络资源的动态性、网络结构的动态性，以及网络业务承载的动态性几方面阐述。

2.1.2　网络资源动态性

网络资源是一种动态资源，是在自然界与人类社会的实践活动中产生的，它随时间的变化而变化。网络资源的动态性主要表现在以下方面。

(1) 逻辑资源动态性

所谓逻辑资源动态性，主要指网络中的号码及网络域名的动态变动，如网络资源的变更、修改等，最主要的还是编码方式的变化，如 IP 的动态性变化。

(2) 信息资源动态性

所谓信息资源的动态性，主要指信息资源的内容总是一直在持续更新变化，如大数据的动态性。

(3) 存储动态性

存储的动态性主要表现在信息资源存储的方式和存储的位置都是在不断变化的，如云存储。

2.1.3　网络结构动态性

在介绍网络结构动态性之前，需要先了解网络拓扑结构。网络拓扑结构是一种物理布局，通过各种信息传输方式将计算机等设备连接起来。网络结构的动态性是在静态结构的基础上提出来的。静态结构可以分为物理结构的静态性和逻辑层面的静态性。

动态性的结构是指网络的拓扑结构是不断变化的，随着网络节点的变化，网络的拓扑结构也会发生相应的变化。传统的静态网络不会随着节点的动态变化而变化，容易使网络性能降低，造成严重的网络瘫痪。因此，网络动态结构极大地增强了网络的鲁棒性，可提供更加可靠的服务。

拓扑结构的选择与信息传输方式的选用和信息媒体访问的监管机制有关，可从以下几个方面选择。

(1) 连通性

网络的拓扑连通性是指网络中任意两个节点之间至少存在一条路径[5]。这种路径可以是有线的，也可以是无线的。

网络的连通性由节点或者链路(边)的特性决定。节点或者链路的失效与变差会使网络结构变成独立的、失去关联关系的子图。从图论中不连通的定义来说，此网络就成为不连通图，会导致网络崩溃或者降级使用部分功能。

(2) 可靠性

不论什么网络，在拓扑结构设计时应尽可能提高其可靠性，保证网络在更宽泛的条件能准确地传递信息和执行应用。不仅如此，还要考虑整个网络的可维护性，并使故障诊断和故障修复较为方便。

所谓网络的可靠性，即在人为或自然的破坏作用下，通信网在规定条件和规定时间内生存能力的表现。尽管我们不能准确地给出网络拓扑结构的可靠性定义，但是可以给出如下网络拓扑结构可靠性测度的一些判断原则。

① 网络中给定的节点对之间至少存在一条路径。

② 网络中指定的节点能与一组节点相互连通。

③ 网络中可以相互连通的节点数大于某一阈值[6]。

④ 网络中任意两个节点间信息传输时延小于某一阈值。

⑤ 网络的信息吞吐量超过某一阈值。

其中前两条是从网络结构的连通性方面考虑的，后三条是从网络的性能方面考虑的。

(3) 网络结构的复杂程度

通常情况下，确定网络的拓扑结构都是在满足网络建设各种需求的前提下，追求拓扑结构的最简化。特别是建立拥有不同等级的网络时，要尽最大可能地减少网络的等级数，降低网络拓扑结构组合的复杂性。相对而言，相同结构的组合具有更好的特性。

(4) 建设成本和管理的代价

网络拓扑结构是影响建设成本和管理代价的重要因素。建设不同结构的网络不但在技术上存在巨大的差别，而且在建设成本上的差别也很大。因此，在拓扑结构确定的同时，要清楚相应的建设费用，使所选结构与成本比尽可能地优化。

建设费用可能是一次性的，但管理费用是长期的，因此选择拓扑结构也要充分考虑后期管理成本。

(5) 可扩展性和适应性

网络结构的变化是一个持续的活动，很少有网络的结构不会发生改变，只是程度不同而已，有的是推翻原有结构重新组建新的结构，有的是结构的扩展。前者多数情况是有新的网络技术出现，如网络的总线结构由于交换技术的进步变为星型结构。后者是业务的提升和应用面的扩大，需要对网络进行扩充。因此，设计网络拓扑结构时要有一定的灵活性和扩展性。

动态网络的拓扑结构在整个研究阶段必定不断演化改变。对于很多应用，无论是准确描述动态网络的整体变化趋势，还是更精确的计算网络间的变化都是很有意义的工作。

① 拓扑结构的空间扩展性主要表现为平面拓扑结构向三维拓扑结构演变(图 2-1)。这种变化是由节点运动引起的，当节点不局限在一个平面上运动，而是在三维空间运动时，拓扑结构也相应的从平面向三维空间转换。

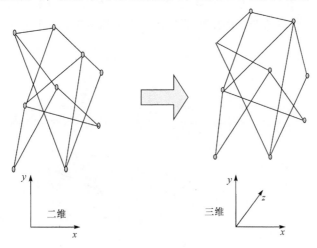

图 2-1　平面拓扑结构向三维拓扑结构演变

② 拓扑结构连接动态性。对于常规网络而言，网络拓扑结构相对稳定，节点之间的连接强度趋于平均，但是随着拓扑结构的演变，拓扑结构连接也呈动态变化，主要表现为节点之间的连接强度由平均向差异变化(图 2-2)。拓扑结构连接动态性在自组织网络中的表现极为突出，主机可以在网络中随意移动。移动使网络拓扑结构不断变化，而且变化的方式和速度都是不可预测的。主机的移动会导致主机之间的链路增加或消失，连接强度也随时发生变化。

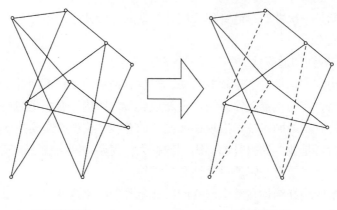

平均连接强度   差异连接强度

图 2-2　连接强度的变化

　　③ 拓扑结构的衰变性。当一个节点发生故障或者突然消失时，其他节点与之相连的连接强度会发生衰减，造成拓扑结构的衰变。拓扑结构的衰变又分为动态衰变和固定衰变(图 2-3)。动态衰变是指节点发生故障经历了一个变化过程，与其相连的链路是逐渐衰减的。固定衰变是指节点突然消失，与其相连的链路也是突然消失的。

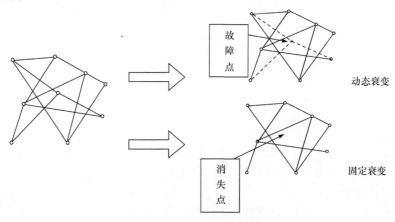

图 2-3　拓扑结构的衰变

　　④ 拓扑结构之间的关系。图 2-4 直观显示了各种拓扑结构之间的关系。物理拓扑结构和静态拓扑结构是动态拓扑结构的基础。动态拓扑结构和静态拓扑结构可以通过逻辑结构与物理结构与之对应的关系相互转换。由于逻辑结构数量可控而物理结构数量半可控，因此决定了逻辑拓扑结构是基于物理拓扑结构的，如图 2-5 所示。这两种结构都能承载相同的信息通信。

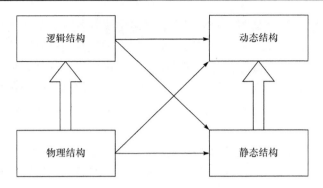

图 2-4　各种拓扑结构之间的关系

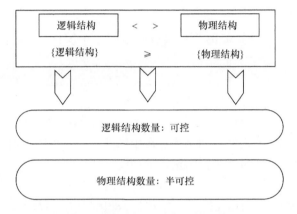

图 2-5　逻辑结构与物理结构的关系

2.2　网络自组织性

2.2.1　网络自组织的概念

自组织网络(self-organized network, SON)是指由多个具有无线收发装置的移动终端组成的无中心的无线网络，无需依靠固定通信网络基础设施，即可立即组网。自组织网络具有一系列的自主智能功能，如自我配置、自我规划、自我优化、自我修复等[7]，可以自适应网络的变化，动态调整，使网络达到最佳。在网络拓扑变动和链路断开的情况下，SON 根据自我愈合及自组织的特性，对 Ad Hoc 网络进行重新组织，具有极强的鲁棒性，同时还能够提升网络带宽的使用效率。SON 自组织技术扩大了 Ad Hoc 网络的覆盖区域。同时，在 IP 层使用 SON 自组织技术，可实现多种无线和有线的接口，进行网络的接入。同时，SON 技术的特性，如智能化、自组织的特性，让运营商能够以最少、最好的网络资源提供最好的服务给用户，从整体上提升运营商的服务效率，给予客户更好的业务体验。

　　自组织网络的系统结构、网络组织、网络协议等各方面都与蜂窝网络和无线局域网(wireless local area network, WLAN)有极大的区别。蜂窝网络系统通过基站、控制器、交换机、中继器等各种基础设施组合搭建而成，致使蜂窝网络系统的架设需要更多的资源，如人力、物力，同时周期很长。但是，因为自组织网络自组织的特性，不需要固定的网络基础设施就可以组网，并且比蜂窝移动通信系统具有更好的鲁棒性。

　　在 WLAN 中，连接到固定的网络需要通过接入点。从网络层面来判断，WLAN 是单跳(single-hop)网络，但 SON 是多跳(multi-hop)网络。从研究内容来看，自组织网络的研究在协议的所有层。

2.2.2　网络资源的自组织

　　自组织网络对网络资源的管理具有极强的自组织性，其对资源的管理具有如下特点。

　　① 自规划。引入和设置新的网络节点，选择站点的位置，对硬件进行标准化配置，但是不进行站点的获取和准备。

　　② 自部署。对引入的新的网络节点进行准备，然后进行安装，之后对节点进行鉴权和认证。此阶段把新的网络节点运用在商业的运行中，但不包括在自规划类别中已经存在的、为自部署提供输入的功能。

　　③ 自优化。收集设备(如手持终端)和基站收集到的各种数据(如测量值和性能的各种指标)，对网络进行自动化配置。网络的自动化配置在资源的运维阶段。

　　④ 自愈合。执行网络运行或阻止出现突发问题，包括必要软件和硬件的更新和替换。

　　尽管没有必要把规划、部署、优化和维护看作是连续的操作，但可以通过简化的流程把这些操作以一个整体来呈现，如图 2-6 所示。

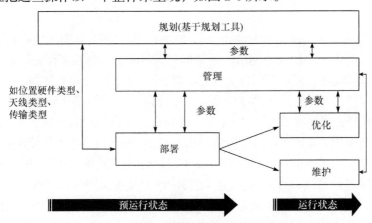

图 2-6　规划、部署、优化和维护处理

2.2.3 网络结构的自组织

自主计算通用参考模型——MAPE-K 自动控制环,如图 2-7 所示。自主管理系统由自主管理者(autonomic manager, AM)和被管网元(managed element, ME)组成。自主管理者包括各种网络资源,通过管理接口控制被管网元,同时经过监视-分析-计划-执行控制环达到自主管理的功能。在整个控制环的各个步骤中,都可能会使用到知识库中的相关信息进行比较、分析和方案制定。

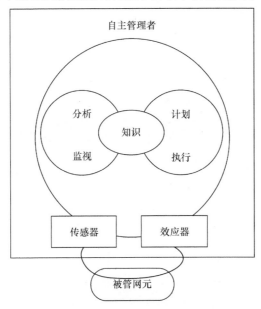

图 2-7 MAPE-K 自主计算通用参考模型

(1) 分布式自组织网络管理体系架构

如图 2-8 所示,在此体系结构中,网元(eNodeB)在本地实现自主管理的功能,网元中的信息交互是通过直连进行的。

分布式管理方法是 Ad Hoc 网络中常用的一种管理方法。在独立小区建立的 Ad Hoc 网络中,可有效实现拥塞控制参数优化等,避免不必要的反应时间,提高管理效率,同时分布式管理方法可以有效避免中心点失败给系统带来的致命损失。

(2) 集中式自组织网络管理体系架构

如图 2-9 所示,自主管理是在体系结构中的中心节点内执行,结构中的其他网元主要执行测量和信令信息交换的功能,且执行中心节点的指令。

这种体系结构在对小数量的网元管理时,自主管理可以达到更高的水平,适用于需要管理和监测不同网元间协作的情况。在这种结构中,网元相对简单,建设成本也相对较低。这种结构是典型的传统集中式网络管理结构。

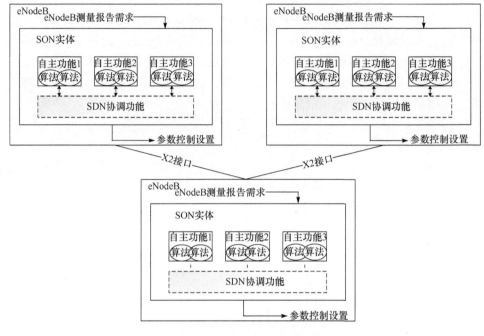

图 2-8　分布式管理体系架构

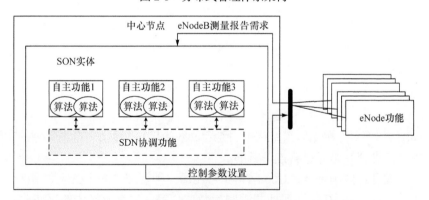

图 2-9　集中式管理体系架构

(3) 混合式自组织网络管理体系架构

如图 2-10 所示,混合式自组织网络管理体系架构综合了分布式和集中式体系架构。在混合式管理体系结构中,存在一个或多个中心节点,中心节点执行自主管理功能,并根据需要向被管网元发出动作指示。同时,被管网元中也具备一定的自主管理功能,与其他被管网元直接交互,可以根据自己和相邻网元的测量数据执行相应的自主管理活动。

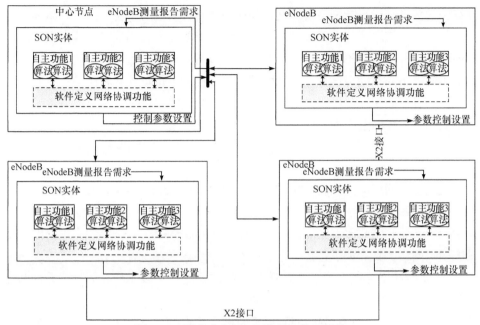

图 2-10　混合式自组织网络管理体系架构

2.3　网络多维性

随着科技的发展，人们对带宽、网络时延、网络的覆盖范围等要求越来越高，不同的网络应用场合也各不相同。因此，单一的网络根本无法满足未来网络对网络业务多样性和个性化，以及高性能的要求。未来网络的研究方向是通过将现在的和未来即将出现的多样化网络融合和连通，利用不同网络各自的特性，整合各种硬件、软件等资源，实现高质量、个性化的服务。因此，下一代网络不是建立一个新的网络，而是将现存的异构无线网络进行融合，利用其不同的技术优势，提供更好的服务。在这种异构无线网络融合的必然趋势下，引入维度的概念分析这种融合网络。

2.3.1　多维概念

维度(维)从数学层次而言是指独立的时空坐标的数目，每个坐标描述一个维度的信息。因此，从更高角度来讲，维度是指一种视角，而不是一个固定的数字；是判断、说明、评价和确定一个事物的多方位、多角度、多层次的条件和概念。

网络中的多维是指影响网络资源共享和通信的多种因素,如通信介质、网络环境、网络结构、通信协议等。无线网络受外界因素影响较大,不同时间段存在的网络性能和网络种类往往不同,因此无线网络具有时间属性。现阶段不同网络的覆盖面积不同,不同空间可能存在不同的网络,多种网络也可能存在于同一空间,因此网络具有空间属性。网络的调制方式及通信频段等又使网络具有不同的制式。这些共同构成无线融合网络的多维属性。

2.3.2　多维网络

无线融合网络的多维属性构成了多维网络(multi-dimensional network, MDN)。多维网络的提出基于 *Foundations of Multidimensional and Metric Data Structures*、*OLPA Solutions*：*Building Multidimensional Information Systems* 等,多维网络属于动态虚拟网络,具有如下特征。

①　多维网络与现有网络具有兼容性及互操作性,可以工作在同种或异种网络之间。

②　网络的节点具有多接口特性,任意两个节点都可以直接或者通过中继节点转发实现通信[8],并且可以根据实际网络情况进行自适应切换。

③　网络拓扑结构是动态变化的,能够用不同的网络结构和网络技术实现不同的应用,使各种网络互相协同,最后连成一个无所不在的网络应用。如图 2-11 所示为多维网络示意图,其中 MDRP 为多维网络路由协议(Multi-dimensional Routing Protocol)。如图 2-12 所示为多维网络中节点间通信的流程示意图。

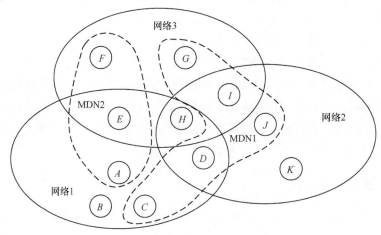

图 2-11　多维网络示意图

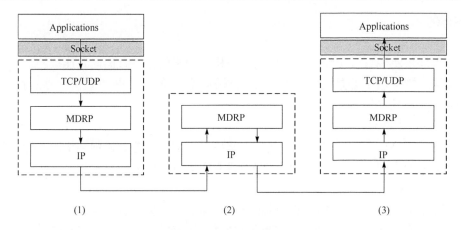

图 2-12 多维网络中节点间通信的流程示意图

2.3.3 多维网络体系架构

根据多维网络的定义，现有的 TCP/IP 网络体系结构已经不能满足多维网络的需求，因此在 TCP/IP 网络体系结构基础上新增了一层，我们定义为多维网络层(multi-dimensional network layer, MDNL)。多维网络层和互联层的功能很接近，都提供虚拟的网络(多维网络层屏蔽了互联层以下的网络)。多维网络路由机制工作在多维网络层，起到在多种通信方式之间进行信息交互，以及底层通信网络的选择作用。如图 2-13 所示为多维网络体系架构图。

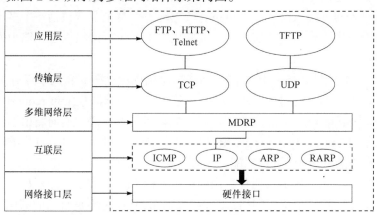

图 2-13 多维网络体系架构图

(1) 网络接口层

网络接口层是网络接入的入口，实现数据帧的发送和接收。数据帧在网络传输中是独立的传输单元，通过网络接口层传输到网络上。数据帧也可以直接从网络上获取。

(2) 互联层

互联层将隔开其上层和下层的物理结构。网络层是一种面向无连接的，不可靠的层。这一层主要是 IP，提供路由选择的功能。但是，IP 不提供可靠的服务，需要在更高的一层来实现。

(3) 多维网络层

多维网络层和互联层的功能接近，都提供虚拟的网络。通信网络的选择是多维网络的重点和难点，将在具体的路由机制中进行详细说明。

(4) 传输层

传输层从一个应用程序向它的远程端传输数据，提供首尾相接的数据传输，可以同时支持多个应用,使用最多的传输协议是传输控制协议和用户数据报协议。

(5) 应用层

应用层的主要协议是 TCP/MDRP，即将一台主机上的系统进程与另一台主机系统进行协作。

2.3.4　多维网络协议

1. 多维网络的路由方法

多维网络包括多个节点。每个节点具有唯一的多维网络标识符，并且具有多接口特性。任意两个节点都可以直接或者通过中继节点进行数据转发，所述中继节点至少接入两种接入网络，并可进行数据转发。每个节点包括一个多维网络模块。多维网络模块位于传输层之下、互联层之上，包括网络构建、路由发现、路由维护等。

如图 2-14 和图 2-15 所示为多维网络构建流程示意图。新的节点 A 要加入多维网络时，需要如下的过程：A 发送一个节点加入请求消息(join request message, JREQ)给引导节点 D, 节点 D 收到之后，更新路由表，通过逆向路由返回，同时加入回复信息(join reply message, JREP)。节点 D 发送自身邻居节点集的路由信息给 A，与自身的网络 ID 进行匹配，同时绑定 IP 地址。节点 I 和节点 A 不在同一个接入网络，不能直接进行通信，因此通过 I 和 J 进行中转，到达 D 之后更新路由表。C 和 A 在同一个接入网络，但 A 还是不确定 C 是不是自己的邻居节点，通过 Hello 数据包的方式来发现邻居信息，最终确定是否为邻居节点。

如图 2-16 和图 2-17 所示为多维网络路由发现流程示意图。当源节点 S 需要发送数据而又没有到目的节点 D 的有效路由时，启动一个路由发现过程。在多维网络中，S 发送路由请求消息(router request message, RREQ)给邻居节点 A、C、E。目的节点或者中继节点收到 RREQ 之后，在自身的路由表中查找包含目的地址的

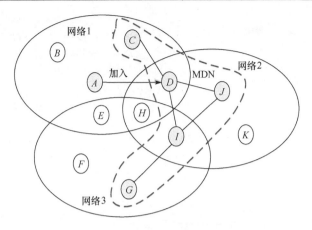

图 2-14　多维网络构建流程示意图 1

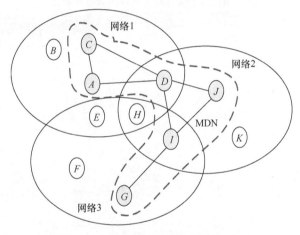

图 2-15　多维网络构建流程示意图 2

路由信息,否则更新路由表。如果中继节点中的路由信息有到达目的节点的路径,则比较更新路由信息。同时, 如果 RREQ 中的目的节点地址序列号比路由表中的序列号大,那么中继节点不能通过自身的路由响应 RREQ,只能继续广播 RREQ。由此, 中继器只能响应本身的路由目的地址大于或等于 RREQ 中的目的节点序列号时, 才能直接对其进行响应。

如图 2-18 和图 2-19 所示为多维网络路由发现流程示意图。当源节点 S 需要发送数据而又没有到目的节点 D 的有效路由时, 启动一个路由发现过程。在多维网络中, 源节点 S 向邻居节点 A、C、E 广播 RREQ, 允许中继节点响应 RREQ。收到请求的节点可能是目的节点或中继节点。中继节点收到 RREQ 分组后, 匹配自身的路由表项,如果没有该路由信息, 则更新路由表。相反, 如果这个中继节点有到达目的节点的路由项, 它会通过比较路由项里的目的节点地址序列号和

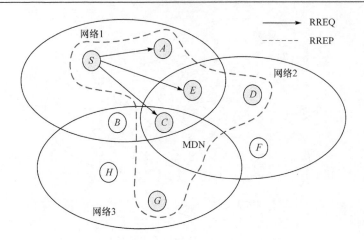

图 2-16　多维网络路由发现的流程示意图 1

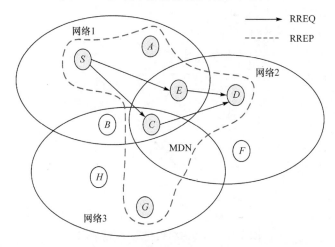

图 2-17　多维网络路由发现的流程示意图 2

RREQ 的目的节点地址序列号的大小来判断自己已有的路由是否较新。如果 RREQ 的目的节点地址序列号比路由表中的序列号大，则这个中继节点不能使用已有的路由响应这个 RREQ 分组，只能继续向其邻居节点广播这个 RREQ 分组。中继节点只有在路由项中的目的节点地址序列号大于或等于 RREQ 中的目的节点地址序列号时，才能直接对收到的 RREQ 分组做出响应。

　　多维网络的路由方法工作在多维网络模块，当源节点需要发送数据而又没有到达目的节点的有效路由时，执行以下步骤。

　　① 源节点向邻居节点广播 RREQ。

　　② 中继节点收到广播路由请求消息后，匹配自身的路由表项，如果没有所需

路由表项，则执行步骤④；如果有所需路由表项，则执行步骤③。

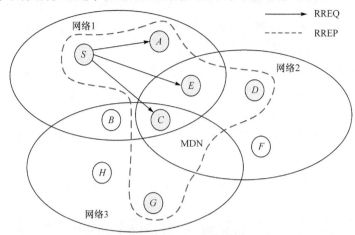

图 2-18　多维网络路由发现的流程示意图 1

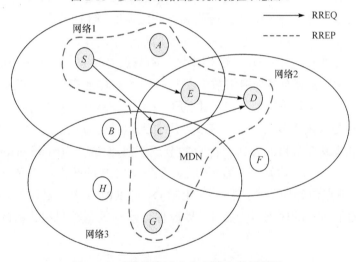

图 2-19　多维网络路由发现的流程示意图 2

③ 中继节点通过比较路由表项的节点地址序列号与路由请求消息中目的节点地址序列号，判断中继节点的现有路由表是否是新的路由，是则执行步骤⑤；否则，向邻居节点转发所述 RREQ。

④ 更新路由表，并向自身的邻居节点转发所述 RREQ。

⑤ 中继节点逆向向源节点返回一个路由请求应答消息。

⑥ 路由请求应答消息返回途中经过的节点，并建立到目的节点的路由。

⑦ 源节点收到消息后，根据路由请求应答消息建立到目的节点的路由，并根据该路由发送数据。

2. 多维网络的数据传输方法

多维网络中的节点有邻居节点、中继节点和引导节点，这三种节点可以在多维网络中实现不同的功能。

① 在多维网络中，能够不通过中转节点直接相互通信的两个节点称为邻居节点。在同一个多维网络中，通过相同接入网络的任何两个节点都可以直接相互通信，所以同一个接入网络中的节点两两互为邻居节点。

② 在多维网络中，具有两种或者两种以上接入网络，并且具有数据转发功能的节点称作中继节点。

③ 在多维网络中，引导节点主要是引导新的节点或者网络加入其所属网络的节点。多维网络中的任一节点都可作为引导节点。

在多维网络路由机制中，节点主要维护路由表和邻居节点列表。各种传输路径的相关信息都保存在路由表中，提供信息的路径选择。每个网络接口的路由表中都包含目的网络 ID、子网掩码和下一跳地址/接口。邻居节点列表主要用来维护邻居节点间的信息，包括邻居在通信过程中的作用及其通信方式、连接本节点与周围邻居节点之间的链路 ID 号、两节点之间链路的状态等信息。

如图 2-20 所示为多维网络数据包封解包的流程示意图。在数据传输过程中，当一条进行数据传输的动态路由的下一跳链路断开，或者传输去往目的节点的数据报文达到某节点，但是该节点没有到达目的节点的有效路由时，中间节点通过单播或者多播的方式，向目的节点广播路由错误(route error, RERR)。目的节点收到 RERR 后知道存在的错误，依据 RERR 的路由信息重新选择一条路径。目的节点向邻居节点广播一个 RREQ。此 RREQ 中的目的序列号是在源节点已知的最新目的序列号上加 1，以此保证能够等到顺利到达目的节点的路由。

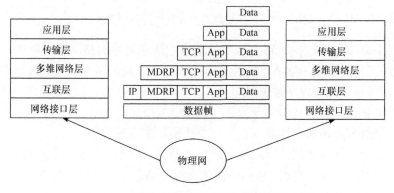

图 2-20　多维网络数据包封解包的流程示意图

2.4　网络虚拟化

2.4.1　虚拟化概述

虚拟化是指计算元件在虚拟的环境中进行计算，其目的是为了能够更加快速有效的对资源进行管理和利用，将有限的资源根据需求进行再次部署和规划，以达到资源的有效利用，如图 2-21 所示。

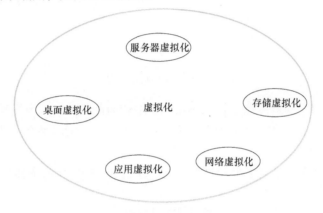

图 2-21　虚拟化

从整体来说，虚拟化技术主要是对复杂的各种基础设施进行简化，将计算机的物理资源抽象化、虚拟化之后再呈现给用户，使用户能够最大限度地利用好现有资源。同时，通过虚拟化技术产生的资源不受传统的架构方式、地域，以及物理形态的限制。

虚拟化技术服务的对象多种多样，有访问资源或与资源进行交互的服务，也有应用程序和最终的用户。虚拟化中的资源也是多种多样的，有软件、web 服务、硬件资源等。用户通过支持虚拟化资源的标准接口对资源进行使用，可以防止基础硬件设施受到破坏时，给用户带来损失。虚拟化的优势如图 2-22 所示。

2.4.2　传输虚拟化

1. 传统虚拟化技术

(1) 虚拟局域网(virtual local area network, VLAN)

VLAN 是逻辑上的设备和用户，并且这些设备和用户在地理位置上不受限制，可以通过功能、部门，以及应用将设备和用户组织起来，使不同设备和用户之间的通信在逻辑上处于同一个局域网。

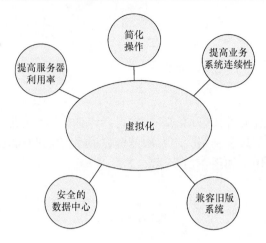

图 2-22　虚拟化的优势

(2) 虚拟专用网络(virtual private network, VPN)

VPN(图 2-23)主要通过服务器、硬件、软件等实现虚拟网络，其实现的方式主要有以下的几种。

① VPN 服务器。在大型局域网中，可以通过在网络中心搭建 VPN 服务器的方法实现 VPN。

② 软件 VPN。通过专用的软件实现 VPN。

③ 硬件 VPN。通过专用的硬件实现 VPN。

④ 集成 VPN。某些硬件设备，如路由器、防火墙等都含有 VPN 功能，但是一般拥有 VPN 功能的硬件设备价格通常都比较高。

VPN 有多种分类方式，主要是按协议进行分类。VPN 具有成本相对较低，易于使用等特点。

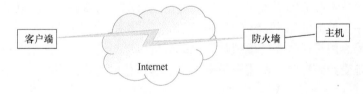

图 2-23　VPN 示意图

(3) 虚拟专用局域网服务(virtual private LAN service, VPLS)

VPLS 主要为用户提供一种点到多点的二层 VPN 业务，主要在公用网络中部署，为运营商和用户提供服务。VPLS 连接了不同地理位置上的用户，保证在不同地理位置上的用户能够相互通信，如同用户之间可以相互直连，即广域网变成对所有用户的位置是透明的。VPLS 基本参考模型如图 2-24 所示。

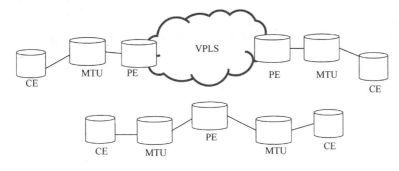

图 2-24　VPLS 基本参考模型

2. 虚拟网络连接技术

虚拟网络连接技术一直都在追求更高的带宽。在传统的企业级数据中心 IT 构架中，服务器到存储网络和互联网络的连接是异构和分开的。数据中心连接技术的发展趋势是用一种连接线将数据中心存储网络和互联网络聚合起来，使服务器可以灵活地配置网络端口，简化 IT 部署。

(1) Infiniband

Infiniband 架构是一种支持多并发链接的转换线缆技术，其链接速度可以达到 2.5Gbit/s，如图 2-25 所示。Infiniband 技术主要应用在复制、分布式服务器、存储区域网(storage area network, SAN)、直接存储附件、LAN、广域网(wide area network, WAN)等服务器与服务器、存储设备和网络之间。

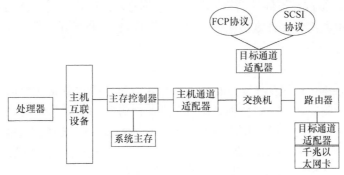

图 2-25　Infiniband

(2) FCoE

以太网光纤通道(fibre channel over Ethernet, FCoE)技术的主要特点是能够将光纤通道映射到以太网中，同时将通过光纤传输的信息整合到以太网信息传输包中，因此对于 SAN 存储设备到服务器的光纤通道的传输数据可以通过以太网来传输，提升资源的利用率。另一方面，FCoE 技术使以太网能够传输 SAN

数据信息。

如图 2-26 所示，FCoE 是在传统以太网的架构上进行增强改进，此架构无需
TCP/IP，因此没有 TCP/IP 的开销，且能够提供有效的光纤通道内容载荷，可以
为上层的操作系统、应用程序和管理工具等提供服务。

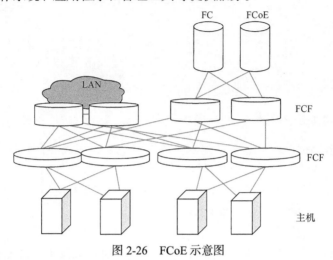

图 2-26　FCoE 示意图

3. 虚拟网络交换技术

与传统的方案相比，虚拟化方案的最大优势在于虚拟机具有动态性，可以随
时迁移。当虚拟机在不同的网络和不同的数据之间进行迁移时，就会对网络产生
新的要求，例如需要保证虚拟机的 IP 在数据迁移前后保持不变等。虚拟机交换技
术主要有以下几种。

(1) OTV

OTV(overlay transport virtualization)是一个典型的在分布式地域的数据中心
站点，是用于实现 2 层扩展传输技术的工业解决方案。OTV 是一项"MAC in IP"
的技术。OTV 使用的是媒体访问控制(media access control, MAC)地址路由的规则，
可以形成一种 overlay 网络，能够在分散的二层域之间进行二层连接，保持域的独
立特性，以及 IP 互连的容错性、永续性、负载均衡。

(2) LISP

LISP(Locator/ID Separation Protocol)，即名址分离协议。在传统网络中，IP
地址包括标明自身的 ID 和目的地址的 Locator。LISP 的目的是将 ID 和 Locator
进行分离，然后通过一个映射系统将 ID 和 Locator 进行关联，以此保证虚拟机和
服务器进行地理上的迁移时保持相同的 IP 地址。

(3) VXLAN

VXLAN(virtual extensible local area network)，即虚拟扩展本地网络，如图 2-27

所示。VXLAN 通过云计算来创建更多的逻辑网络。在云计算环境中,用户需要
使用逻辑网络将其与其他的在同一个云环境中的用户进行逻辑上的隔离。

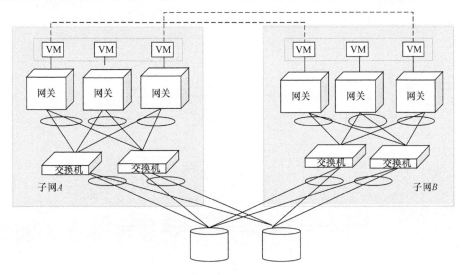

图 2-27　VXLAN 示意图

整体来说,VLAN 技术能够在云计算环境中最大化地创建逻辑网络,同时能
够将逻辑网络扩展到子网内,方便虚拟机在不同的子网中迁移。

2.4.3　存储虚拟化

所谓存储虚拟化就是对存储硬件资源进行抽象化,将一种或者多种服务和功
能进行集成,提供统一全面的功能服务。虚拟化主要应用在提供存储资源或者服
务的实体上。

存储虚拟化是一种贯穿于整个 IT 环境,用于简化比较复杂的底层基础架构的
技术,如图 2-28 所示。存储虚拟化的思想是将资源的逻辑映像与物理存储分开,
从而为系统和管理员提供简化、无缝的资源虚拟视图。

典型的存储虚拟化技术有网络附加存储(network attached storage, NAS)和
SAN 两种[9]。

(1) NAS

NAS 是一种专用数据存储服务器,通过彻底分离存储设备与服务器两种硬
件设备,并对这两种设备进行集中式的管理,以此提升宽带的使用率,降低成
本、提高性能。

　　NAS 是一种特殊的专用数据存储服务器，由存储器件和内嵌系统软件构成，提供跨平台的文件共享功能。其拓扑结构如图 2-29 所示。

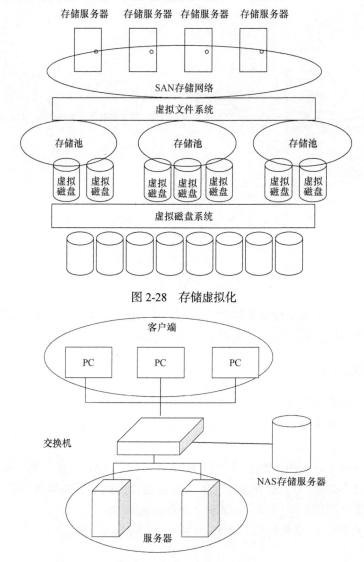

图 2-28　存储虚拟化

图 2-29　NAS 拓扑结构图

(2) SAN

　　SAN 是一种面向网络的存储结构，以数据存储为中心，通过可扩展的网络拓扑结构连接服务器和存储设备，并在相对独立的专用网络中对数据进行存储和集中化管理，为服务器提供数据存储服务。服务器和存储设备之间的多路、可选择的数据交换消除了以往存储结构在可扩展性和数据共享方面的局限性。

2.4.4　计算资源虚拟化

1. 定义和特点

计算资源虚拟化通常是指将每台物理服务器划分成多台虚拟服务器。每台服务器像真正的服务器一样运转，可以运行操作系统和用于辅助的应用程序。虚拟服务器是进行计算的基本单元。

(1) 隔离性

计算资源虚拟化可以通过虚拟若干个机器实现不同应用的存储，以此形成隔离，可以解决磁盘冲突、网络端口冲突、安全策略冲突和操作系统版本冲突等问题。

(2) 资源分配

由于需要计算的各个业务的忙时与闲时有所不同，为了保证业务能良好运转，因此在系统程序上需要按照其峰值进行一一配备，由此产生了大量的工作，而计算资源虚拟化则可以实现错峰，即根据忙闲时灵活分配计算资源。

(3) 灵活性

计算资源虚拟化通过虚拟若干个机器实现不同应用的存储，我们可以对虚拟的机器进行"在线迁移"，以实现在不同环境下的持续服务。

2. 网格计算

在介绍网格计算之前，需要先了解分布式计算的概念。分布式计算通过将巨大的计算量分割成许多计算单元，然后将这些计算单元分配给多台计算机进行处理，最后将结果进行综合处理得出最终结果。如图 2-30 所示为分布式计算示意图，可以完美解决这一难题。

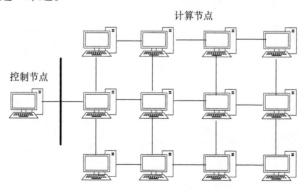

图 2-30　分布式计算示意图

分布式计算主要解决计算规模巨大的问题。在分布式计算中，每个处理器都有其独享的内存(分布式内存)，数据的交换通过处理器传递信息完成。如图 2-31 所示为分布式系统与并行系统的区别。

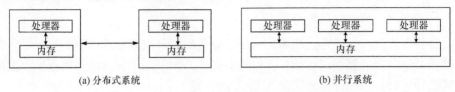

(a) 分布式系统　　　　　　　　　　　　　　　(b) 并行系统

图 2-31　分布式系统与并行系统的区别

网格计算是分布式计算的一种。网格就是一个集成的计算与资源环境，或者说是一个计算资源池。网格能够充分吸纳各种计算资源，并将它们转化成一种随处可得的、可靠的、标准的、经济的计算能力。除了各种类型的计算机，这里的计算资源还包括网络通信能力、数据资料、仪器设备，甚至是人等各种相关的资源。基于网格的问题求解就是网格计算。

第3章 网络与通信

这一章重点介绍网络与通信的相关知识，分别对路由与交换、传输方式与现代通信技术、网络接入与智能终端、网络通信融合进行阐述。

3.1 路由与交换

3.1.1 路由器与路由协议

1. 路由器概述

路由器的主要部分是主控板和线卡。主控板负责数据处理，线卡负责任务，主控板处理线卡的任务。主控板包括处理器、转发芯片、现场可编程门阵列等。从形式上来讲，路由器可以分为宽带路由器和无线路由器。宽带路由器支持 PPPoE、固定 IP 上网、MAC 地址学习、非军事区(demilitarized zone, DMZ)地址学习等。无线路由器还具备动态主机配置协议(Dynamic Host Configuration Protocol, DHCP)客户端和防火墙，支持加密、虚拟网络。路由器的转发方式有进程、快速、优化和分布式快速转发。数据包的交换在路由器中会经过压缩/解压缩、加密/解密等相应处理。路由器还可以进行网络地址转换(network address translation, NAT)、限制传输速度等。

路由器运行一种专用的操作系统，系统拥有 TCP/IP 协议栈的接口平台，辅助其他功能模块，要求具有提高路由器快速交换报文和提供数据加密的能力，但是操作系统的开销又要尽量小，如企业级网络操作系统 Vyatta、嵌入式实时操作系统 VxWorks 等大部分都是基于开源的 Linux 系统开发而来的。随着技术的进步，路由器将向智能化方向发展。路由器简单系统结构如图 3-1 所示。

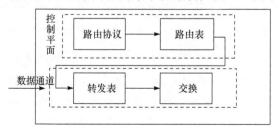

图 3-1　路由器系统结构

2. 路由协议

路由器运行在网络层，使用 IP 区别不同的网络，以达到网络的互连和隔离，保持各网络间独立的目的。路由器能将广播消息限制在各自的网络内部，而往其他网络发送消息时，消息先送至路由器，再由路由器将其转发出去。路由器仅对 IP 分组进行转发，同时将其余的消息部分限制在网内(含广播)，以达到各网络相对独立的目的。

如果一个网络具有统一的管理系统和路由策略，则称其为自治域或者自治系统。按自治域范围，动态路由协议可分为内部网关协议(Interior Gateway Protocol, IGP)和外部网关协议(Exterior Gateway Protocol, EGP)。内部网关协议，经常使用路由信息协议(Routing Information Protocol, RIP)、开放式最短路径优先(open shortest path first, OSPF)协议。外部网关协议常用的协议有边界网关协议(Border Gateway Protocol, BGP)和 BGP-4[10]。

(1) EGP

EGP 管理自治系统相邻间的通信，可以认为用来确定两个自治系统之间的路由及连通情况。EGP 由邻机探测、邻机可达性和网络可达性三个独立的过程构成。其中第一个过程用来定义相邻的两个网关是否同意成为邻机，第二个过程用来监视来自邻机间的链路，最后一个过程用来处理网络连通性问题。

EGP 有以下主要功能。

① 当运行该协议时，会建立一个节点集合(相邻节点构成)，建立此节点集合的所有路由器共享可连通性信息。对于相邻路由器的距离而言，没有明显要求。

② 对相邻路由器进行周期性轮询，以确定哪些相邻的路由器仍处于活动状态。

③ 发送的路由选择刷新信息包含自治系统内所有网络的可连通性。

EGP 的消息类型及其功能如表 3-1 所示。

表 3-1　EGP 的消息类型及其功能

消息	功能	消息	功能
相邻节点获取	建立/释放邻接关系	路由选择刷新	提供路由选择刷新信息
相邻节点可连通性	确定相邻节点是否活动	错误指示	指示错误发生的条件
轮询	确定特定网络的可连通性	—	—

(2) RIP

RIP 根据距离(非物理距离)选择路由，又称为距离向量协议。该协议的主要原理是，源数据地址到目的地的全部路径被路由器收集起来，但只是保留含有最少站点数的路径信息。同时，使用该协议将收集的路由消息发送给相邻的其他路由器，正确的路由信息将逐步全网扩散。

在规定的时间间隔或当网络拓扑发生变化时，会发送路由更新信息。更新路由表的条件是收到包含某表项更新路由的更新消息，此时路径的距离值加 1，同时将下一跳标记为发送者。运行此协议的路由设备只维护到目的地拥有最小距离值的路径。当更新路由表后，随即发送路由更新消息，通知其他路由器此时的路由已经发生变化，发送与周期性更新消息不同的更新消息。RIP 工作原理如图 3-2 所示。

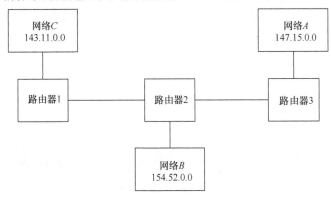

图 3-2　RIP 工作原理

路由器 3 直接和网络 A 相连。当其向与网络 A 直接相连的路由器通告网络 147.15.0.0 的路径时，跳数加 1。同理可知，路由器 2 的跳数变为 1，同时将相应的路径消息通知与之相连的路由器 1，则路由器 3 到路由器 2 和 1 的距离分别是 1 跳和 2 跳。

RIP 还规定了一些稳定特性来快速适应网络拓扑结构变化。例如，通过 split-horizon 和 hold-down 机制来防止路由信息的错误传播。此外，为了防止无限增长而产生路由环，协议对跳数也进行了限制(最大跳数为 16)。

为了控制其性能，采用路由更新计时器作为记录更新时间间隔的计时器，进行周期性的更新，时间间隔一般为 30 秒，并且当计时器重置时，为了防止冲突会添加小的随机秒数。对于路由超时计时器和路由清空计时器，前者过期时，路径失效，但路由表中仍保存此路由；后者过期时，失效的路径会被清空。

综上所述，协议可以划分为不同的层次，并与 OSI 建立某种对应关系，有的本身就是从 OSI 演变而来，因此它们完全能够以 OSI 为平台实现协议互连，为各种网络的互连提供条件。

3.1.2　交换机与交换技术

1. 交换机工作原理与功能

如图 3-3 所示，A 接收数据帧后，查找 MAC 地址表，查看是否有终端 $A1$ 的

MAC 地址，若没有，学习 A1 的 MAC 地址；交换机 A 根据目标地址，查找转发表进行转发，若没有，向其他所有端口发送广播；B 交换机收到数据帧后，查找 MAC 地址表，查看是否有终端 B1 的 MAC 地址，若没有，学习 B1 的 MAC 地址；交换机 B 根据 B3 的目标地址，通过查找转发表决定进行转发，若没有，发送广播到其他端口。终端 A2 检查数据包的目标 MAC 地址，若自己不是其目标地址，则丢弃此数据包。终端 B3 接收到数据帧。终端 B4 丢弃数据帧。

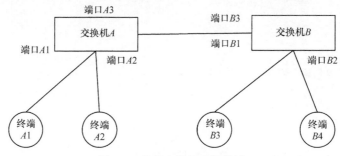

图 3-3　简单交换机连接终端

　　收到数据时，由交换机检查目的 MAC 地址，并将数据由目的主机所在端口进行转发。交换机内部 MAC 地址表保存着网络中全部 MAC 地址与该交换机各端口的对应信息。转发数据帧时，先由数据帧目的 MAC 地址查找 MAC 地址表，找到 MAC 地址对应的端口，也就是找到拥有该地址的设备，将数据帧在该端口进行转发。

　　交换机的主要功能如下。

　　① 学习。记录与各个端口连接的设备的 MAC 地址，并将 MAC 地址与端口映射，同时保存在 MAC 地址表(交换机缓存)中。

　　② 转发与过滤。数据帧一般只会被特定的端口转发，只有当数据帧为广播/组播帧时才转发至全部端口。

　　③ 消除回路。交换机避免回路的方式是采用生成树协议，并允许存在后备路径。

　　2. 交换技术

　　交换机在传送数据包时，采用以下几种方式。

　　① 直通交换方式。端口位于线路矩阵电话交换机上，当输入端口检测到数据包时，从数据包头获取其目的地址，并使用交换机内的地址表，找到对应的输出端口，将数据包直接发送到直连的端口处，实现数据交换的功能。

　　② 存储转发方式。控制器先将到达输入端口的数据包进行缓存，再检测数据包的正确性，将错误的数据包丢弃，发送正确的数据包。发送过程依然是先找到

目的地址，通过查找表找到对应的输出端口地址，将数据包转发出去。

③ 碎片隔离方式。此方式是在转发前检查数据包的长度，以 64 字节为边界，小于此值丢弃，大于此值就转发数据包。在数据处理速度方面，快于存储转发方式，但慢于直通方式，可以减少残缺数据包的转发。

下面介绍几种常见的交换技术。

(1) 第二层交换技术

运行在 OSI 第二层的交换机在使用过程中，会一直收集信息来建立自身的地址表。建立此表的目的是指明 MAC 地址是在哪个端口上发现的。交换机会先检查收到数据包的目的 MAC 地址，与地址表进行对比，以此决定数据包转发的端口，而不是任何数据都在所有端口上转发。二层交换机的出现可以消除无用的碰撞检测，降低出错重发的概率，提高传输效率。交换机能够同时维护多个独立的通信进程，用户信息对于源节点与目的节点是可见的，其他节点均不可见。第二层交换技术还是会出现广播风暴，不但不能给路由器的功能带来进步，而且可能出现性能的下降，因为通过路由器时，端到端的数据会因为拥塞而丢包。

(2) 第三层交换技术

在默认情况下，VLAN 之间不允许通信。借助路由器能够实现 VLAN 之间的通信。在大型网络进行 VLAN 之间的数据交换时，运用路由器会导致网络效率低下，加之有限的端口数量，子网的连接个数也会受限。于是出现了兼具快速交换能力与路由寻址能力的第三层交换技术，既解决了网段中子网依赖路由器进行管理的问题，也解决了传统路由器造成的网络瓶颈问题。

第三层交换技术的原理如图 3-4 所示。假设 PC1 和 PC2 使用三层交换机进行通信，PC1 在发送消息之前，将自身与 PC2 的 IP 地址进行比较，判断 PC2 是否与自己在同一子网，如果在同一子网，则直接运用二层技术进行二层转发；否则，PC1 向默认网关发送地址解析封包，这时的 IP 地址来自交换机的三层交换模块。如果三层交换模块拥有 PC2 的 MAC 地址，就向 PC1 发送 PC2 的 MAC 地址；否则，依据路由信息先向 PC2 广播地址解析请求，收到请求后向三层交换机发送自身的 MAC 地址，并由三层交换模块保存，然后将其发送给 PC1，并将 PC2 的

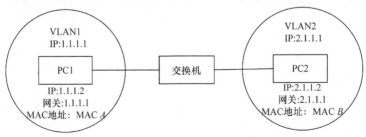

图 3-4　第三层交换技术的原理

MAC 地址发送到二层交换的 MAC 地址表里。之后的数据包交给二层交换进行处理，而非三层交换模块。这样信息交换的速度就得到提高，也就是说只有路由过程用到了三层处理，其他大部分数据仍然交给二层交换模块进行转发。

3.2 传输方式与现代通信技术

3.2.1 光纤通信

1. 光纤通信概念

光纤通信是一种先进的通信技术，采用光波作为信息的载体，光纤为传输介质。光纤通信系统由光发射机、光接收机、光纤线路组成。其基本组成如图 3-5 所示。

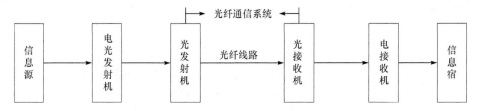

图 3-5 光纤通信系统的基本组成(单向传输)

信息源把用户信息转换为电信号。电光发射机负责将电信号(基带信号)转换为适用于信道传输的信号。在数字话音传输中，电话机把话音转换为频率在 0.3～3.4kHz 的模拟基带信号。电光发射机将模拟信号转换为数字信号，同时将多路数字信号进行组合。采用脉冲编码调制方式进行模/数转换，完成模拟信号的抽样、量化和编码，将一路话音信号转化成相应的数字信号，然后用数字复接器将多路信号组合形成一次群，甚至高次群的数字系列，再将其输入到光发射机。此时，带有信息的电信号将被调制成光信号。光载波通过光纤线路输送到接收端，使用光接收机将光信号转为电信号，再由电接收机把电信号转成基带信号，最终通过信息宿恢复出传输的信息。

2. 光纤通信特点及应用

光纤通信主要是用光波作为载波传输信号，以光缆作为传输线路，以光纤作为媒质传输。光纤通信之所以能够得到快速发展，是因为其具有的特点。

(1) 传输频带宽, 通信容量大

理论上通信容量与载波频率正相关, 容量大的载波频率高, 一般光波频率比微波频率高出百倍, 比明线和同轴电缆等通信容量更是高出成百上千倍。

(2) 不怕潮湿, 耐高压, 抗腐蚀

光纤的主要材质是 SiO_2, 不怕潮湿, 且具有高熔点(通常高达 2000℃以上), 所以具有耐高温、化学稳定性好、抗腐蚀能力强等特点。

(3) 安全保密

光纤线路进行传输时, 光波不会泄漏, 即使在线路的转弯处, 泄漏的现象也很少, 这样窃听线路传输的信息的难度就极高。

在光纤通信中, 仍存在一些缺点。

① 性质脆, 要考虑其敷设张力, 适当涂敷提供保护。光纤需要高精度的切割技术, 也需要高精度的熔接技术进行连接。

② 分路融合不方便, 弯曲半径不易过小, 供电困难。

下面简单介绍光纤通信的几个应用领域。

① 广播电视领域。光纤优秀的抗干扰能力和数据传输的高可靠性, 成为广播电视领域的常用信号载体。伴随着数字网络电视的发展, 使用光纤传输信号与数据成为首选。

② 军事领域。光纤通信能够提高通信系统的容量, 传输信息的保密性能达到军用级别, 同时又有着传统通信手段无可比拟的抗干扰能力, 因此光纤通信技术已在军事领域得到大量应用。

③ 其他应用领域。在电力通信领域, 运用光纤通信技术能使电力系统更加安全稳定; 在互联网的基础建设中, 光纤到楼到户使网络建设走上了光纤到 x(fiber-to-the-x, FTTx)的发展道路。

3.2.2　移动通信技术

1. 通信技术演进

移动通信技术演进路线如图 3-6 所示。

20 世纪 80 年代中期～20 世纪末是数字蜂窝移动通信系统(2G)逐渐成熟和发展的时期, 主要有欧洲提出的全球移动通信系统(global system for mobile communications, GSM)和美国提出的码分多址系统(code division multiple access, CDMA)两种, 使用 GSM 标准的国家占多数。

20 世纪 90 年代末是第三代移动通信技术(3G)发展和应用阶段。2000 年左右, 国际电信联盟(International Telecommunications Union, ITU)又启动了 4G 的相关工作。2008 年, ITU 公开征集 4G 标准, 分别是长期演进(lorg term evolution, LTE)、超移动宽带(ultra mobile broadband, UMB)，以及全球微波接入互操作性(wordwide interoperability for microwave Access, WiMAX)，均运用正交频分复用技术和多入多出技术。

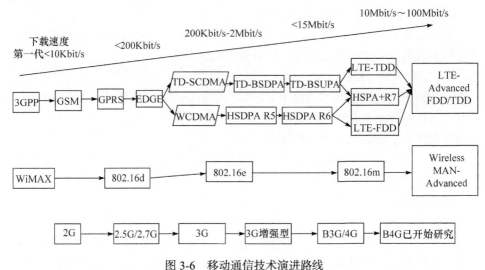

图 3-6　移动通信技术演进路线

　　2013 年 2 月，欧盟加快 5G 移动技术的研发步伐，预计于 2020 年推出成熟的第五代移动通信技术标准。华为公司也研究并推出 5G 原型机基站。

　　2. 2G～4G 通信技术

　　(1) 2G 技术

　　2G 通信技术规格标准有 GSM、集成数字增强型网络(integrated digital enhanced network, IDEN)、数字先进移动电话服务(digital-advanced mobile phone system, D-AMPS)。2G 大部分采用频分多址技术。GSM 采用帧的交错，简言之，就是将接收发射时隙分开，移动通信台接收发射采用同样的时隙号，但帧开始接收时相对发射时延迟一定数量的时隙间隔，但也有国家采用其他技术。

　　GSM 系统的主要技术特点如下。

　　① 频谱效率高，主要原因是使用了高效的调制器、信道编码、交织、均衡和语音编码技术。

　　② 容量大，主要是信道传输带宽增加，同频复用模式可缩小到 3/9，甚至更小。同时，加上半速度话音编码和自动话务分配，比全接入通信系统容量效率(每小区的信道数/MHz)高 3～5 倍。

　　③ 话音质量好，由于采用数字传输技术，加上全球移动通信系统规范的相关定义，只要信号达到阈值时，就能达到一样的通话质量，却不依赖无线传

输的质量。

④ 开放的接口(空中接口、网络间的接口、网络设备实体间的接口)。

⑤ 安全性高，主要使用临时移动用户识别号码、鉴权及加密处理等形成。

(2) 3G 技术

与前两代移动通信技术相比，3G 带宽和传输速度更高。例如，在传输速度方面，宽带码分多址(wideband CDMA, WCDMA)室内和室外车载环境下最大支持分别为 2Mbit/s 和 144Kbit/s。3G 采用 CDMA 和分组交换技术。在满足传输话音需求的基础上，提供高质量的多媒体业务数据传输需求。3G 系统具有良好的通用性、可全球实现无缝漫游、成本低、服务质量优质、保密性高等特点。3G 标准的详细参数如表 3-2 所示。

表 3-2　3G 标准的详细参数

WCDMA	TD-SCDMA	CDMA2000
异步 CDMA 系统：无 GPS	同步 CDMA 系统：有 GPS	同步 CDMA 系统：有 GPS
带宽：5MHz	带宽：1.6MHz	带宽：1.25MHz
码片速度：3.84Mc/s	码片速度：1.28Mc/s	码片速度：1.2288Mc/s
中国频段： 1940～1955MHz(上行) 2130～2145MHz(下行)	中国频段： 1880～192MHz、2010～2025MHz、 2300～2400MHz	中国频段： 1920～1935MHz(上行)、 2110～2125MHz(下行)

以 WCDMA 技术为例，WCDMA 系统的无线信道为 5、10、20MHz，采用频分数字双工(frequency division duplexing, FDD)制式。WCDMA 支持高传输速度(慢速移动时 384Kbit/s)及可变速传输，帧长 10ms，码片速度 3.84Mc/s。WCDMA 技术的主要特点是支持异步与同步两种基站同步方式；调制解调方式上行为二进制相移键控，下行为正交相移键控；导频辅助相干解调的解调方式；适应各种不同速度的传输，可依据业务质量及速度分配相应的资源；上下行高效快速的功率控制，有效减少多址干扰的同时还增加了系统容量；支持软切换、硬切换，切换方式有扇形间软切换、小区间切换和载频间硬切换。3G 移动通信系统如图 3-7 所示。

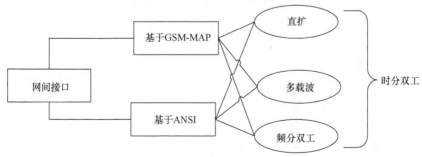

图 3-7　3G 移动通信系统

(3) 4G 技术

4G 核心技术主要是智能天线、多入多出天线、软件无线电等技术。在频分多址(frequency division multiple access, FDMA)、时分多址(time division multiple access, TDMA)、CDMA 和正交频分复用(orthogonal frequency division multiplexing, OFDM)等多址方式中,最适合 4G 系统的多址方式是正交频分复用技术。OFDM 的思想是在频域内将给定信道分成多个正交子信道,用一个子载波对每个子信道进行调制,子载波并行传输,总的信道是非平坦的,而子信道是相对平坦的,且是窄带传输方式。

软件无线电技术的思想是最大限度地将无线和个人通信功能通过可编程软件实现,形成一种多工作频段及模式、信号传输与处理的无线电系统。在 4G 系统中,该技术能够将模拟信号转化为数字信号,将模数和数模转换器尽可能地靠近射频前端,完成信道分离、调制解调等工作。目的是建立一个运行各种软件系统的无线电通信平台,以实现多种通路、不同层次和不同模式的无线通信。

4G 移动通信系统如图 3-8 所示。4G 通信的主要特点是通信速度更快,理论上能够达到 10～20Mbit/s,最高达 100Mbit/s;能提供比 3G 通信更宽的网络频谱;具有更高的智能性能和兼容性能;更低的通信费用和更高质量的多媒体通信。

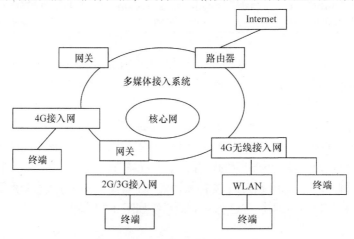

图 3-8　4G 移动通信系统

(4) 5G 技术

5G 主要场景与关键性能挑战如表 3-3 所示。连续广域覆盖场景的主要挑战是随时随地为用户提供百兆级以上的传输速度。热点高容量场景的主要挑战是面向局部热点区域,以满足网络的高流量密度需求。低功耗大连接场景的主要挑战是以传感和数据采集为目标的城市智能化、智慧农业、环境监测等应用场景,特点是数据包小、连接众多、功耗低。低时延高可靠场景的主要挑战是面向垂直行业的特殊应用需求，提供极低的端到端时延和超高的业务可靠性[11]。

表 3-3 5G 主要场景与关键性能挑战

场景	关键挑战
连续广域覆盖	100Mbit/s 用户体验速度
热点高容量	用户体验速度：1Gbit/s 峰值速度：数十 Gbit/s 流量密度：数十 Tbit/s/km²
低功耗大连接	连接数密度：10^6/km² 超低功耗，超低成本
低时延高可靠	空口时延：1ms 端到端时延：ms 量级 可靠性：接近 100%

3.2.3 5G 网络关键技术

5G 网络关键技术如图 3-9 所示。

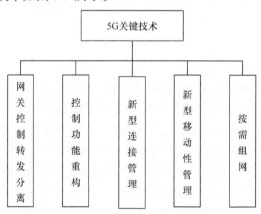

图 3-9 5G 网络关键技术

1. 网关控制转发分离

在网络中，基于软件自定义网络思想，控制与转发功能分离。控制和转发功能分别向集中化和分布化发展，此时转发为了满足海量流量的转发需求，将致力于数据的转发。控制为了保证灵活的流量调度及连接管理，采用集中化的方式以达到统一的控制。控制与转发的分离使网络架构更扁平化。网关设备采用分布式部署方式，可以有效降低业务的传输时延。

2. 控制功能重构

通过将控制功能划分为独立的功能逻辑模块，再组合应用场景形成各异的网络控制面，用于解决现有网络控制功能过于臃肿、接口繁多，以及难以标准化的问题。控制功能重构包括控制面功能模块化、状态与逻辑处理分离、优化控制面处理逻辑。

3. 新型连接管理和移动性管理

5G 网络包含更多复杂的应用场景，为保证不同场景下网络管理和数据传输的效率，需要新型连接管理技术保障用户和业务的服务质量需求，提供和定制差异化服务。5G 网络的连接管理功能应能根据终端的能力、位置、移动规律等属性，请求类型、业务特征、网络状况等信息确定连接的相关参数，然后控制平面根据确定的连接参数生成连接管理指令，并由转发平面执行连接管理指令，最终完成连接的管理。5G 是多种接入技术融合的网络，移动性管理要能独立于各种接入技术，实现异构网络间的无缝切换。新型移动性管理可根据不同场景和业务需求，按需对位置管理、切换控制、附着状态等协议和方案进行优化。对于超密集组网场景，利用大数据预估等辅助移动性技术改进切换控制协议。

4. 按需组网

不同的业务场景对 5G 提出不同的性能和功能要求。核心网应具备适配业务场景的能力，为场景提供适合的网络控制功能和良好的性能保证，实现按需组网的目的。网络切片是指使用虚拟化技术将 5G 网络物理基础设施资源从场景需求角度出发，虚拟化为多个互相独立平行的虚拟网络切片。网络编排的功能能够进行网络切片的创建、管理和撤销。按需组网技术具有依据各种业务场景需求定制剪裁必要的网络功能，并进行组网，达到业务流程与数据路由最优化的目的。由业务模型动态分配调整网络资源，提高网络的资源利用率，隔离不同业务场景所需的网络资源，提供网络资源保障的同时，增强其健壮性和可靠性。

3.3　网络接入与智能终端

3.3.1　网络接入简介

1. 宽带有线接入技术

(1) 基于双绞线的 ADSL 技术

非对称数字用户线(asymmetric digital subscriber line, ADSL)是一种高速宽带

技术，运行在电话线上，能够提供不同的上下行传输速度。ADSL 传输技术的提出和发展主要基于以下因素：不对称传输交互型视频通信业务的不断出现；数字信号处理技术的发展，使单向传输 1.544Mbit/s 信号成为可能；视频压缩编码技术的发展，使借助铜缆传输视频信号成为可能；超大规模集成电路技术的发展，使 ADSL 技术的实现成为可能。这种非对称的技术采用的是异步传输模式。这种非对称数字用户线路技术的优点是使用已搭建的电话线网络就能提供相对高的宽带服务，无需重新搭建线路，安装两端线路 ADSL 设备即可。进行 ADSL 传输时，也不影响接听和拨打电话服务。

(2) 基于 HFC 的电缆调制解调器技术

混合光纤同轴电缆(hybrid fiber coax, HFC)接入网基于模拟传输方式，综合接入多重业务信息，可以实现电话、模拟/数字广播电视、点播电视、数字交互等业务。整个 HFC 网络可分成光缆和电缆两部分，利用光纤节点(optical node, ON)实现光/电信号的转换。HFC 网络体系如图 3-10 所示。

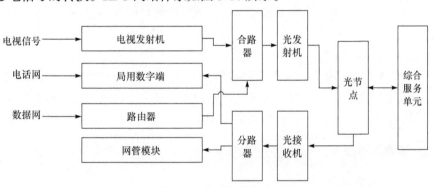

图 3-10　HFC 网络体系

在该网络系统中，通过路由器将有线电视台的前端设备与数据网进行连接，并由局用数据端机将其与公用电话网连接。合路器将电视信号、话音信号、数据信号进行混合，形成混合信号，通过光缆线路传送到各个小区节点，再由同轴分配网络送至综合服务单元处，分别将信号送至电视机和电话。数据信号经电缆调制解调器(位于综合服务单元处)，送到各种用户终端。电缆调制解调器是 HFC 网络的核心设备，能够为网络提供高速数据通信[12]。电缆调制解调器系统在 HFC 中能正常运行需要解决信号通道带宽的问题和回传通道的噪声问题。回传通道在整个 HFC 频率最低端(5～42MHz)，在这个频率范围内，极易受到外界的干扰，直接影响电缆调制解调器系统的正常运行。

2. 蓝牙接入技术

1994 年，爱立信公司在研究移动电话及附件间的接口，实现低功耗及低成本的可行性时，意识到短距无线通信的应用前景具有很大的潜力，遂将这项新的技术命名为蓝牙。之后联合诺基亚、英特尔等成立了蓝牙特殊利益集团。蓝牙规范1.0 版公布于 1999 年，2012 年出现蓝牙 4.0，该版本蓝牙具有省电、成本低、3毫秒低时延、超长有效连接距离等特点。

蓝牙技术是一种适用于短距离的通信技术规范，具有如下特点。

① 工作频段选在 2.4GHz 频段，频道采用 23/79 个，间隔均为 1MHz，时分双工方式。调制方式为 0.5 的高斯频移键控，调制指数为 0.28～0.35。发射机采用调频调制方式，在 4～20dBm 采用功率控制方式，因此有效通信距离约为 10～100m。

② 跳频作为蓝牙的核心技术之一，单时隙包的跳频速度(1600 跳/s)与多时隙包相比略高，但在建链时多时隙包提高为 3200 跳/s。高跳频速度的特点使其具有较好的抗干扰能力。

③ 支持电路交换及分组交换业务，支持实时同步定向连接(主要传送语音等实时性强的信息)和非实时异步不定向连接(以传输数据包为主)。蓝牙支持三个并发的同步话音通道或一个异步数据通道，或同时传送两者的通道。话音通道能够支持 64Kbit/s 的同步话音信号。异步通道支持非对称双工通信或对称全双工通信(433.9Kbit/s)两种模式。

④ 支持点对点及点对多点两种通信，按可组成微微网和分布式网络两种网络。前者的网络构建可由两台携带蓝牙的设备构成，最多支持八台，一台作为主设备外，剩余全部是从设备。后者可由多个相互独立的前者以某种方式连接形成。

3.3.2　多维网络接入

1. 多维网络简介

维度从数学层次而言是指独立时空坐标的数目，每个坐标描述的是一个维度的信息。从更高角度来讲，它是一种视角，而非一个固定的数字；是一种判断、说明或者评价，也可以称为确定事物的不同方位、角度、层次的条件和概念。网络中的多维是指影响网络资源共享和通信的多种因素，如通信介质、网络环境、网络结构、通信协议等。人们观察和研究无线网络的角度不同，从而形成网络的多维属性。无线网络受外界因素的影响较大，不同时间段存在的网络性能和网络种类往往不同，因此无线网络具有时间属性。现阶段不同网络的覆盖面积不同，不同空间可能存在不同网络，多种网络也可能存在于同一空间，因此网络具有空间属性。网络的调制方式及通信频段等不同使网络具有不同的制式。这些就是无线融合网络的多维属性。

无线融合网络的各种多维属性构成多维网络，具有如下特征。

① 多维网络与现有网络具有兼容性及互操作性，可以在同种或异种网络之间灵活工作。

② 网络中的节点具有多接口特性,任意两个节点都可以直接或者通过中继节点转发进行通信,并且可以根据实际网络情况进行自适应切换。

③ 其网络拓扑结构是动态变化的,能够用不同的网络结构和网络技术构建多样化的应用,使多种网络互相协同,最终形成一个无所不在的网络应用。多维网络示意图如图 3-11 所示。

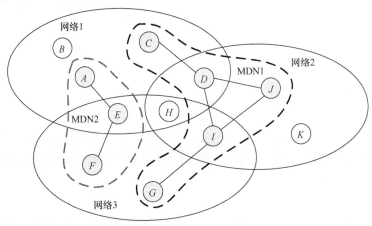

图 3-11 多维网络示意图

2. 多维通信网络接入体系

根据多维网络的定义,现有的 TCP/IP 网络体系结构已经不能满足多维网络的需求,因此在 TCP/IP 网络体系结构的基础上新增了多维网络层(multi-dimensional network layer, MDNL)。多维网络层与互联层的功能很接近,都提供虚拟的网络。多维网络体系结构如图 3-12 所示。

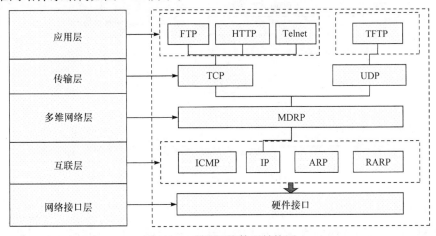

图 3-12 多维网络体系结构图

(1) 网络接口层

网络接口层与连接层和数据连接层是一个概念，负责数据帧的收发。

(2) 互联层

互联层也称网络层，将上层与下层的物理网络结构隔开。IP 位于网络层，不保证下层的可靠性。IP 并不提供可靠性，也不提供流控制或错误恢复的功能。这些功能必须由上层来提供，互联层提供路由功能能将信息传送到目的地。

(3) 多维网络层

多维网络层和互联层的功能接近，都提供虚拟的网络。多维网络路由机制工作在多维网络层，实现了在多种不同的通信方式之间进行信息的交互，以及选择底层通信网络的功能。

(4) 传输层

当某个应用程序向远端传输数据时，传输层会提供首尾相接的数据传输功能，该层也能够支持多应用的数据传输。常用的传输协议是传输控制协议和用户数据报协议。

(5) 应用层

该层提供给利用 TCP/MDRP/IP 进行通信的程序。应用指的是一台主机上的用户进程与其他主机的进程协作。

3.3.3　智能终端

智能终端体系结构如图 3-13 所示。智能终端普遍采用冯·诺依曼结构，采用以主处理器内核为核心的硬件系统，可以分为主处理器 kernel、系统级芯片(system on chip, SoC)级设备、板级设备三个层次。

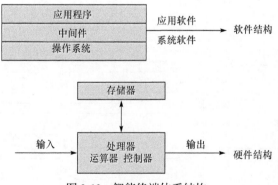

图 3-13　智能终端体系结构

从产业链和硬件的发展趋势来看，终端会逐步从非智能化往智能化发展。目前来看，智能型的终端市场驱动力来源于软硬件的升级，发展趋势如图 3-14 所示。

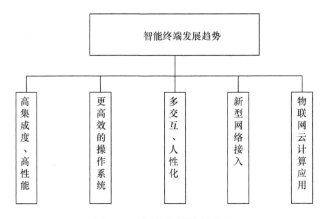

图 3-14　智能终端发展趋势

1. 高集成度和高性能

随着技术的进步，终端将具有高集成度和高性能的特点，终端会将功能模块集成到中央处理器以提高集成度。CPU 向多核、高主频率演化，从而提高硬件及系统的性能。

2. 更高效的操作系统

操作系统属于智能型终端的软件部分，会影响智能终端使用者的体验。目前，操作系统主要是 Android、IOS 等。鉴于 Android 的开源性，很多开发商和服务商开发了基于安卓系统的数字电视产品、移动智能终端等产品。在智能型嵌入式设备中，为了降低研发成本，也采用 Android 平台。Android 也在不断地优化中，在不久的将来，也许会出现更加高效的操作系统。

3. 多种交互方式和人性化的用户体验

智能终端是为用户提供更优质的服务而产生的，更加人性化的人机交互必然是智能终端的演变趋势，良好的用户体验也是发展的目标。随着技术的发展，语音、体感等交互方式已被集成到智能终端中。

4. 新型网络接入

随时可连接的 WLAN 是用户进行视频传输的主要载体之一。随着未来 5G 通信等相关接入技术的普及，智能终端也将随之推进，如高清多媒体接口(high definition multimedia interface, HDMI)、显示接口(display port, DP)等技术也将在智能终端得以应用，使智能终端设备具有网络数据的转发能力。该功能使智能终端成为家庭内部的网关系统，让家庭内部的不同设备之间的网络接入不再仅仅是通过 WiFi 等方式。

5. 物联网、云计算等技术的应用

智能终端将提供更多服务，未来可发展为个人信息服务中心。在物联网环境中，物体通过各种传感器连接到数据中心，智能终端通过安装应用程序或者其他软件，使用网络即可访问数据中心，获得物体的相应数据，甚至发送指令控制物体。智能终端具有便携性高、计算存储能力低等特点，但一旦成为云计算的载体，智能终端的计算存储能力便可以通过其控制云端应用处理部分工作，实现云计算功能。随着硬件的提升与软件的优化，智能终端提供的服务将越来越多。

3.4　网络通信融合

3.4.1　网络融合简介

1. 网络融合概念

多种异构网络共存是宽带无线通信的重要发展趋势。无线网络融合场景如图 3-15 所示。可以看出，在异构融合网络场景中，各接入网络通过 IP 骨干网进行融合，互联互通，同时终端处于多个接入网络的重叠覆盖。国际电信联盟对异构融合网络的定义是通过互连及互操作实现广播电视网络、电信网络，以及计算机网络等多种网络资源无缝融合。

2. 网络融合产生与发展

从无线网络的发展历程来看，近 30 年来无线网络飞速发展呈现出空前的繁荣景象，如图 3-16 所示。

2G 的小区频率复用通信机制使移动通信的发展向前迈出一大步。频率复用提高了通信的容量，同时大区制向小区制的转变降低了基站的发射功率。首先，移动蜂窝通信技术的不断发展使数据传输速度从最初的 9.6Kbit/s、64Kbit/s 提升到 2Mbit/s，甚至 100Mbit/s。其次，对移动性的支持得到了极大的提升，3G 技术对移动速度高达 120km/h 的移动台也能够提供 384Kbit/s 的传输速度。2004 年启动的长期演进项目，其物理层采用正交频分复用和多输入多输出技术，该技术能够支持高达 350km/h 的终端移动速度，并且能为运行在 15～120km/h 的终端提供高性能服务。最后，其能为多样化的业务提供服务，将高速移动接入与基于因特网的服务结合起来，不但支持语音业务，而且支持中高速数据及宽带多媒体等多样化业务。

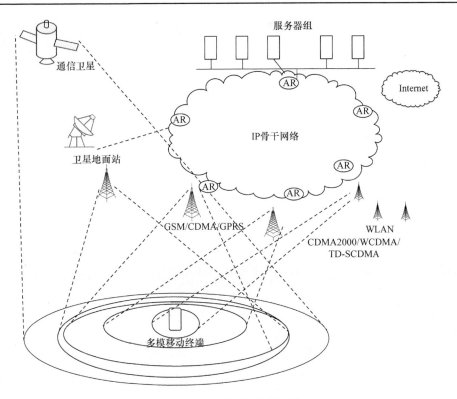

图 3-15　无线网络融合场景

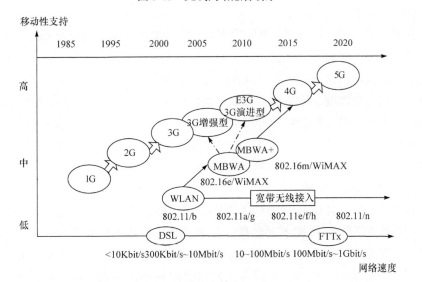

图 3-16　无线网络发展概况

　　总的来说，当前已出现多种无线网络同时发展和共存的局面，它们分别采用最新的技术获取更高的频谱利用率，同时提高网络自身的容量。蜂窝移动通信技术的发展不但大大提高了通信速度，而且支撑的移动性也越来越高。802.11 系列则大幅度地提高了通信速度，从目前的情况来看，各种接入技术优势各异，互利互补，单一的无线接入网络难以承担多样化业务的 QoS 需求。因此，下一代无线通信网络就是各种无线接入技术的相互融合、彼此联通和相互协作。

　　3. 网络融合存在的问题

　　在未来通信融合网络环境中，业务的提供将不再与网络有直接的关系，用户可灵活选择业务供应商和网络接入方式，真正实现 3W(whoever、wherever、whatever)通信的目标，即任何人在任何地方，进行任何方式的通信。但是，要实现以上目标还面临一系列的挑战，下面分几部分进行介绍。

　　(1) 移动性管理

　　在传统同构网络中也存在移动性管理技术，包含切换与位置管理两方面的内容[13]。在异构网络环境中，移动管理技术在上述两方面的内容又增加了安全机制和互操作控制。但是，切换管理始终都是移动性管理技术的重中之重。在综合考虑多种网络参数的情况下，设计高效的切换算法也是移动性管理研究的重难点。

　　(2) 呼叫接入控制算法

　　在异构网络中，将出现业务需求不同，网络对业务提供能力及 QoS 保障不同的现象，2G/3G 尽管能够提供对音、视频等实时业务的支持，但是传输速度相对较低。短距离通信网络，例如 WLAN 对实时业务的支持还需提高，而不仅是能提供较高的传输速度。呼叫接入控制算法的研究对象大多是蜂窝网与 WLAN 融合系统的接入控制。跨层优化能够提高基于分组交换的无线网络系统性能，因此在呼叫接入控制算法时，可以使用跨层设计进行评估呼叫级(呼叫阻塞率、被迫中断概率)的服务质量性能和分组级的 QoS 性能。

　　(3) 端到端的服务质量保证

　　在基于 IP 的异构融合网络环境中，当通信设备进行端到端的呼叫时，需要跨越不同的网络，使用不同的接入技术，甚至在呼叫发起前对于网络的服务质量控制策略与支持能力无法获知，因此需要提供基于 IP 的服务质量协商与联合资源分配策略。同时，不同接入网络的服务质量信息能在同一网络体系中被表示与计算，通过引入跨层的反馈交互制度，实现自适应的端到端服务质量保证。端到端服务质量保证已成为异构网络融合的重要研究方向。在异构网络中，对于网络资源的管理，包括网络异构性、用户需求个性化、用户轨迹移动性等仍要进一步研究。

3.4.2　网络融合技术

1. 网络融合技术分类

(1) 异构无线网络移动性管理技术

异构无线网络中的移动性管理技术是保证用户最佳业务体验的关键技术。移动性管理包含个人、终端、会话，以及业务的移动性。然而，多种异构无线接入网络并存融合的场景也给此技术带来新的难题，由于各种无线接入系统的复杂性及多样性，完全依靠数据链路层和物理层实现移动性管理变得十分困难。此时，在网络层就需要一种通用的协议，该协议能够为各异构无线系统提供统一的位置、切换管理等，同时屏蔽各种接入技术的差异性。

(2) 网络融合架构

当前第三代合作伙伴计划(3rd generation partnership project, 3GPP)、IEEE 等标准化组织已经针对异构网络融合架构进行了研究，都为未来异构无线网络的融合进行了有益的讨论和探索，并将部分工作进行标准化。3GPP 研究的架构主要有无线局域网互通架构、通用接入网架构。IEEE 研究的架构主要有 IEEE 802.21 和 IEEE P1900.4。

在 I-WLAN 架构中，WLAN 可以看作是蜂窝接入网的补充部分，WLAN 的数据可直接进入互联网，不需要通过 3G 的通用移动通信系统(universal mobile telecommunications system, UMTS)核心网。采用松耦合架构的目的是实现网络间的信令互通，并在 WLAN 与 UMTS 核心网间实现统一的鉴权、认证及计费，但不针对用户平面数据进行改动，不能实现网络间业务流、数据包层级的联合管理与控制，因此 I-WLAN 架构只实现网络互通的基本需求，仍不能实现联合无线资源管理，远未达到网络协同与融合的阶段。

3GPP 在 TS43.318 中定义的通用接入网架构(generic access network, GAN)是在 GPRS 服务支持节点层面的耦合，属于一种紧耦合方式。GAN 不但能够实现用户平面数据的互通，还能实现控制平面的信令交互和控制。GAN 可以满足 3GPP 用户移动出蜂窝网络的覆盖范围后，继续获取蜂窝网络的业务的需求；能让移动用户在传输话音、数据时，面对不同的传输需求，在蜂窝网络和 IP 接入网之间无缝切换；允许终端通过 IP 接入网络接入 UMTS 核心网，通过融合系统中的其他网络获取与原有网络一致的业务。这种一致性在 QoS 保障和业务体验方面有很好的效果。GAN 只是实现了不同无线接入网络间的简单协同，距离高效的协同还有一定的差距。此外，当前 3GPP 在融合网络架构的研究中关于机制流程及功能实体的探索还需要进一步深入与细化。

与媒体无关的切换主要是针对异构网间实现无缝切换，为增强用户体验而设计的一种方案，由 IEEE 802.21 工作组提出，其目的是提供统一的事件触发、信令格式、信息服务，屏蔽异构网中物理及 MAC 层的细节，向高层提供切换时必要的信息。

在应用认知无线电(cognitive radio, CR)技术的基础上，IEEE P1900.4 提出多制式异构网络资源管理架构。该标准定义了动态频谱分配及频谱共享、分布式无线资源管理利用最优化等参考应用实例，基于这些实例的需求，定义资源管理的系统级架构及功能模型，并定义交互过程中涉及的接口功能与信息交换过程。IEEE P1900.4 标准通过分析多制式网络融合需求，给出系统级及功能模块级的实现方案，提出信息模型和处理信息交互的过程，同时提供可参考的无线接入场景，对相关操作进行定义，成为多异构网络融合的基础方案。

(3) 联合无线资源管理

不同接入网络的无线资源及其使用、管理方式也不同。联合无线资源管理模型更有利于接入网络之间的协同工作。为满足异构无线融合网络的需求，联合无线资源管理采用集中式和分布式联合的分级管理模式。

2. 网络融合中的垂直切换

(1) 垂直切换概述

网络融合技术研究的关键方向之一就是切换管理，而垂直切换更是下一代网络(next generation network, NGN)研究的重中之重。垂直切换能够提供异构网络间移动终端(mobile terminated, MT)业务的连续性，以及 QoS 质量保障。在未来 NGN 中，切换的特点因为网络、终端的多样化而呈现出不同的角度，例如切换可以是从个人偏好或服务质量满意度的考量来主动地发起。MT 如何根据网络负载情况、业务 QoS 需求等因素进行切换判决，都是实现异构网络融合的重点研究方向。水平切换与垂直切换如图 3-17 所示。

两种类型的切换不同之处在于，前者切换前后接入网络不变，仅是在不同基站间变化，后者都要发生改变，如 MT 从 UMTS 网络切换至 WLAN，切换前后 MT 的无线链路存在明显区别。除此之外，垂直切换与水平切换的区别还表现在切换的触发规则、对称性、控制方式、判决参数，以及链路转换实现等层面，如表 3-4 所示。

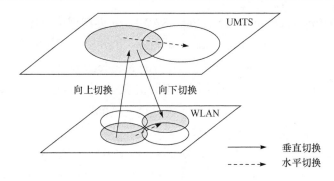

图 3-17　垂直切换与水平切换

表 3-4　水平切换与垂直切换的差异

项目	水平切换	垂直切换
接入技术	同类接入技术	不同类接入技术
切换触发规则	终端动态移动引起的位置变换导致网络接入的变化	可能由终端位置变化或接入技术变化引起，强调接入点的变化
切换对称性	对称	不对称，分为向上和向下切换
切换控制方式	往往是网络控制，终端被动或完成辅助的工作	往往是网络 QoS 或用户根据偏好主动发起
切换判决参数	基于对链路、尤其是接收信号强度的测量及其变化指标	综合考虑与用户、网络、应用等各种因素
链路转换实现	在链路层实现	在网络层、传输层或应用层实现

(2) 常见的垂直切换算法

垂直切换算法的研究是目前异构网络完美融合需要克服的最大困难之一，大致可以分为以下几个方向。

① 基于单一属性的切换判决算法。

该类算法的切换决策通常是依据提前设定的属性阈值同当前值进行比较判断，主要采用的属性有接收信号强度(received signal strength, RSS)、信干比(signal to interference ratio, SIR)等。例如，一种基于 RSS 和滞后阈值作为判决因素的网络选择算法，利用相对信号强度的理念进行切换判决。简单地考虑单一因素不足以做出合理的垂直切换判决，导致不能胜任当前的异构网络环境。

② 多属性判决算法。

该算法弥补了上一种算法的不足，在切换判决过程中综合考虑了不同候选接入网络的多种属性，同时针对不同因素对网络选择的不同影响为其赋予相应的权重。多属性判决算法是处理切换判决选网问题较为简单有效的一种方法，包括简

单加权和法 (simple additive weighting, SAW)、逼近理想值排序法(technique for order preference by similarity to ideal solution, TOPSIS)、灰色关联分析法(grey relational analysis, GRA)和层次分析法(analytic hierarchy process, AHP)等。然而，在实际选网过程中，判决因素无法用确定数值表示时，如用户满意程度(好、中、差)和资费(高、中、低)等，该算法尚不能处理此类问题。

③ 基于人工智能的切换判决算法。

人工智能算法，如模糊逻辑(fuzzy logic, FL)和神经网络(neural network, NN)等常用于解决垂直切换判决问题。模糊逻辑可以用来处理无法用精确数值表示的模糊概念，克服多属性判决算法的不足，因此通常将模糊逻辑和神经网络同多属性判决算法联合使用。例如，一种基于模糊逻辑控制的网络选择切换方法，通过模糊逻辑规则与网络参数关系来适应用户环境与网络参数的动态变化，但是当输入参量增加、推理规则条目增多时，算法计算量也会变得非常庞大。

④ 基于效用函数的网络选择算法。

效用函数用来计算 MT 接入各网络得到的收益和代价，用不同的效用值对RSS、网络带宽、资费等进行替代，依据计算得出的网络效用值判决目标网络的切换。

(3) 改进的垂直切换算法

国内外现有的垂直切换判决算法尚不能适应异构网络完美融合的要求，例如基于多属性判决及效用函数的算法考虑的判决指标往往仅包括 RSS、时延抖动、可用带宽、资费等，并未注意到 MT 移动性。对 MT 速度、网络覆盖半径等移动性因素的欠考虑往往会造成判决结果的不理想，例如把移动速度较高的 MT 切换至 WLAN 中，MT 会很快移出 WLAN 从而造成频繁切换，引起"乒乓效应"。因此，对于垂直切换判决算法的合理设计还有待进一步的研究。下面简单介绍一些改进的垂直切换算法。

① 基于灰色模型和模糊层次分析法的切换判决算法。

针对复杂多变的异构融合网络环境，人们提出基于灰色模型和模糊层次分析法的切换判决算法。网络环境始终在动态变化，为了保证切换的及时性，有必要设计一种合理的切换触发机制，将灰色模型运用到切换触发过程，对 RSS 的变化进行准确预测，在当前网络质量恶化之前及时完成切换触发。在网络选择过程中，考虑传统层次分析法求权重存在一定的缺陷，采用模糊理论与层次分析法相结合形成的模糊层次分析法对判决因子进行权重求取；分析 QoS 参数对不同业务性能的差异化影响，采用模糊层次分析法对不同类型的业务单独计算判决因子权重，满足业务差异化需求。根据用户偏好设置业务优先级，优先为重要业务选择目标网络。

② 基于终端能耗的垂直切换机制。

考虑移动终端有限的电池电量，选择从终端能耗角度入手，在垂直切换过程中充分考虑终端能量因素，提出基于终端能耗的垂直切换机制。首先，在网络发现过程中，设计合理的网络接口激活策略，根据网络及终端状态自适应调整接口激活间隔。然后，加入预判决模块，根据终端电量情况、移动速度，以及网络接收信号强度预先完成部分切换判决，减少进入后续模糊逻辑处理模块的采样点数量，从而减少系统开销，节约终端电能。最后，当电量情况较好且候选网络信道情况较好时进行切换判决，引入具有灵活性和可扩展性的模糊逻辑控制系统，选择 RSS、带宽、延迟，以及用户偏好度等输入参数。

第 4 章　网络与计算

本章从网络计算的发展概况、典型应用，以及发展前景等方面对网络计算技术进行论述。

4.1　网络计算概述

早期的计算机体积庞大、制造费用高昂，并且计算能力有限，无法处理超大规模且复杂的计算问题。随着大规模集成电路和微电子技术的发展，计算机越来越小型化，且计算能力呈指数级增长。计算机虽然满足人们日常的需要，但大部分时间处于闲置状态，造成计算资源的极大浪费。因此，存在资源无法共享、利用率较低、服务范围小等问题。

计算机技术发展速度之快远远超出人们的想象，同时也产生了很多问题，标准不统一就是其中存在的问题之一。多种标准共存导致计算机技术发展受限，同时也给用户带来很多困扰。计算机性能的提升可以从硬件和软件两个方面考虑。硬件提升对于计算性能的提升是有限的，且时间周期长。因此，大部分的改进都是基于软件的，如并行计算、分布式处理、网格计算，甚至云计算等。

互联网的发展使日常产生的数据量呈指数级增长，要处理这些数据需要类似超级计算机提供的计算能力才能解决。因此，一种具有较高的计算能力，且价格相对低廉的计算模式，即网络计算(network computing, NC)诞生了。网络计算是以网络环境为中心，通过网络将物理上独立的计算机连接起来，对计算资源进行整合，统一进行分配，从而实现资源的共享、负载平衡等。软件系统应用模式凸显出网络化和服务化的趋势。无论是网格计算、对等计算，还是云计算均是从不同侧面对面向网络的分布式计算模式进行的积极探索。

根据计算机的发展历程，我们可以将计算模式分为三个阶段：第一阶段是与第一代电子管计算机和第二代晶体管计算机对应的以主机为中心的计算阶段，实现主机与客户端之间的计算；第二阶段是与第三代中小规模集成计算机对应的以 PC 为中心的计算阶段，主要是 C/S 模式；第三阶段是与第四代大规模集成电路计算机对应的以网络为中心的计算阶段，即网络计算阶段。计算模式发展历程如图 4-1 所示。

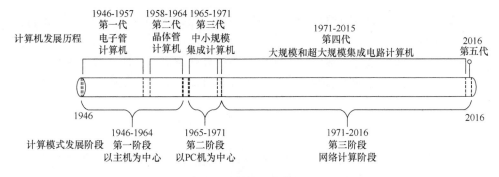

图 4-1　计算模式发展历程

目前，对于网络计算还没有统一的定义，比较容易接受的定义是，网络计算是把网络连接起来的各种自治资源和系统组合起来，以实现资源共享、协同工作和联合计算，为各种用户提供基于网络的综合性服务。基于此，人们把对等计算、企业计算、普及计算、网格计算、效用计算和云计算等归类为网络计算[14]。

① 对等计算是网络计算的一种新模式。从物理上来说，是不同计算机进行点对点连接。从逻辑上来说，实现的是用户和用户之间的直接对话，且对话的双方是平等的，不存在主机与客户机的概念。对等计算技术可以将闲置资源进行整合利用，提高其利用率，从而为用户提供计算服务，满足用户需求。

② 企业计算是以实现大型组织内部和组织之间的信息共享和协同工作为主要需求而形成的网络计算技术，主要是指企业信息系统。

③ 普及计算是一种计算思想，其核心是将计算融入人们的日常生活，使计算无处不在。与物联网技术思想类似，将万物进行互连，然后为其提供各类计算服务。

④ 网格计算是将物理上分离的计算机或者计算资源充分利用起来，通过协同作用解决复杂科学计算问题的一种新型计算模式。它可以实现各类资源，如信息资源、计算资源、存储资源等的全面共享及有效利用[15]。网格计算通过充分利用闲置计算机的计算能力，模拟实现具有超强处理能力的超级计算机。目前，许多国家，尤其是发达国家都建立了超级计算研究中心。我国也在广州、长沙、济南、天津等地建成超级计算中心。网格计算发展空间巨大，是未来计算技术的发展趋势。

⑤ 效用计算概念的提出是为了解决计算资源、网络程序等管理成本较高的问题。这样一来，企业就不用花费大量时间和精力来建设数据中心，从而将更多的财力、物力放在企业核心业务的开发上。目前，效用计算得到了大量的普及，各企业纷纷利用该模式进行企业数据管理。

⑥ 云计算是在效用计算和网格计算的基础上发展起来的。准确地说，云计算不是一种具体的技术，而是一种思想，基于按量使用资源付费模式，对网络上的各种计算服务进行量化，提供给各企业，使计算就像电力一样。对于企业来说，只需支付少量的资金便可以使用类似超级计算机提供的计算服务。

4.2　网络计算的应用

网络计算技术的不断发展使其在科学计算及其他领域得到快速普及与应用。网络计算可以实现对各种资源的大量共享、有效聚合、充分释放，能较好地满足人们对计算的各种需求。在上述几种网络计算的应用中，并行计算、网格计算与云计算技术研究最多，应用范围最广，且最具发展前景。

4.2.1　并行计算

1. 并行计算概述

(1) 并行计算基本概念

并行计算是采用并行处理思想，利用多个处理器组成的超级计算机协同解决同一个计算问题。这就需要把一个任务分成多个子任务，然后将每一个子任务分配给独立的计算机进行处理，最后将其结果返回，汇总得出计算结果。

按照时空顺序，并行计算可以在时间和空间上分别进行。顾名思义，时间上的并行就是按照时间顺序进行计算，空间上的并行则是利用多个处理器并发执行计算过程。在研究并行计算技术的过程中，最主要的问题是如何实现空间上的并行，由此产生单指令流多数据流处理机和多指令流多数据流处理机。一般来说，并行处理机分类如图 4-2 所示。

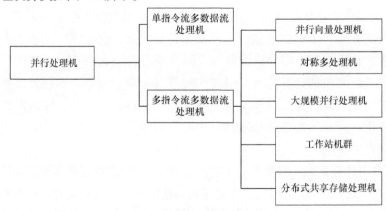

图 4-2　并行处理机分类

进行并行计算需要满足以下几个基本条件。

① 并行机。要进行并行计算，首先要有并行机，对并行机的最低要求是有两台或者以上的处理机。

② 并行度。这是从任务处理角度来说的，计算的任务或者应用要能够分解为多个子任务，并且这些子任务可以并行地执行。

③ 并行编程。有了运行环境和并行度还不够，还需要运行并行算法，因此需要并行编程。

(2) 并行计算与分布式计算区别

简单来说，并行计算与分布式计算都是运用并行技术来提高计算性能，即通过将大任务化分成小任务进行处理，但是两者又具有很大区别。

① 求解目的不同。并行计算通过提供单处理器无法提供的性能，利用多处理器来求解单一问题，而分布式计算是为计算提供各种方便，包括可靠性、可用性等。

② 交互频繁性不同。在并行计算中，处理器之间需要进行频繁的交互，其交互特征是细粒度，通常来说比较可靠。在分布式计算中，处理器之间的交互不频繁，其交互特征是粗粒度，通常被认为不可靠。

③ 对实时性要求不同。并行计算要将任务分给多台机器执行，然后将返回结果进行处理，因此对系统实时性要求较高。分布式的任务包之间具有较强独立性，各任务执行过程与其他参与者关联性较低，因此对实时性要求较低。

④ 关注执行时间不同。并行计算注重短的执行时间，分布式计算注重长的正常运行时间。

⑤ 编程语言不同。编写并行算法主要使用一些消息传递接口(message passing interface, MPI)等。编写分布式算法常用的是 C++、JAVA 语言，基本不会使用 MPI。

纵观并行计算的发展历史，其计算性能越来越强大，如图 4-3 所示。并行计算技术日趋成熟，其应用范围也在不断扩大，未来并行计算的发展将向高性能计算方向不断前进。

图 4-3　并行计算发展历程

2. 并行计算的发展前景

(1) 分布式计算

分布式计算主要研究如何把一个需要大量计算的工程数据分成许多小的部分，然后把这些部分分配给多台计算机进行处理，最后再把这些计算结果统一合并得出所需计算问题的结论。分布式计算是并行计算概念的进一步发展，具有比并行计算更加强大的数据处理计算能力。与其他算法相比，分布式计算具有以下特点。

① 资源共享。利用分布式计算不但可以共享公共资源，而且可以共享稀有资源。

② 负载平衡。利用分布式计算技术可以使若干台计算机在计算负载上达到平衡。

(2) 基于 GPU 的通用计算

近年来，图形处理技术发展迅速，产生了大量全新的图形硬件技术。与 CPU 相比，GPU 主要具有以下优点。

① 处理能力和存储带宽。图形渲染具有高度的并行性，GPU 能够通过增加并行处理单元和存储器控制单元来提高其处理和存储能力。

② 计算能力。CPU 会由于计算任务复杂性的不同而不同。GPU 由同一运算单元执行运算过程，其计算能力不因数据类型的改变而改变，计算能力远超 CPU。

③ 市场需求。目前很多企业或机构不能布置较大的集群系统，因此转向利用 GPU 来提高系统计算能力，从而达到高性能、低功耗的目标。

由于 GPU 具有较高的计算能力，较高的灵活性和并行性，研究其在非图形计算领域的应用是一个新的方向，即基于 GPU 的通用计算(general-purpose computation on GPU，GPGPU)。目前，该技术已经在多个领域，如路径规划、物理模拟、数学计算、生物频谱分析等得到应用。

(3) 多核技术

近年硬件芯片集成规模发展遇到瓶颈，考虑能耗和成本的因素，具有多核架构的产品不断出现，并逐渐成为市场的主流。通过线程级的并行方式，多内核可以在特定的时间执行更多的任务，从而提高计算速度。多核技术与单核技术相比具有以下优点。

① 扩充性强。相比单核，在多核上增加内核更加容易，且其性能相比单核具有很大的提升，因此具有更强的扩充性。

② 功耗低。由于可以将具有更大处理能力的多核融入更小的外形中，因此其功耗更低，运行时产生的热量更小。

③ 计算能力强。通过增加内核使处理器的运算速度得到大幅度的提升，并不是简单地加倍关系。

得益于线程技术的发展，将其应用在多核处理器上表现出卓越的性能，且具有很强的可扩充性。利用多核技术可以进行更加复杂的计算，同等情况下能降低用户投入，提高计算的性价比，因此未来并行计算使用多核技术将是一个必然的发展趋势。

目前，多核技术给软件行业带来的挑战主要有以下两个方面。首先，传统的软件开发多为串行，随着 CPU 频率的提升自然能得到性能提升，而多核 CPU 现行的频率并不高，如何充分利用多核 CPU 的资源成为需要解决的问题。其次，现行的程序设计语言大多不支持多核并行，这也是目前必须要解决的问题。

(4) 量子计算

量子计算的概念最早由 Landauer 和 Bennett 在 20 世纪 70 年代提出。与普通计算相比，量子计算的优势在于能够运用到大规模的并行计算中。1985 年，牛津大学的 Deutsch 提出量子图灵机的概念，从那时量子计算才具备了基本的数学形式。但是，上述的量子计算研究大多都局限于探讨计算的物理本质，还未进入算法实现的阶段。1994 年，麻省理工学院的 Shor 发明了一种量子计算算法。按照其描述，该算法可以对任何质数进行因数分解。

目前我们还无法看到实际存在的量子计算机，但这是未来值得关注的一个发展方向。

4.2.2　网格计算

1. 网格计算概述

网格计算是分布式计算的一种，是将大量的异构计算机和空闲资源，如存储、CPU 等纳入服务器、存储系统和网络组合成的虚拟计算系统中，解决大规模计算问题的模型。一般来说，网格计算主要包括以下内容。

① 安全性。对于任何一项技术来说，安全性都是至关重要的，对于网格来说更是如此。用户想要进入网格系统或者使用网格资源，必须具有合法身份，且需要通过网格系统的安全认证。

② 数据管理。对进入网格系统的各类数据进行管理，主要包括数据清理、传输和打包等内容。

③ 资源管理。对网格系统中的各类资源进行管理，在完成各项任务过程中对需要的各类资源、网格都要十分清楚和了解，以便调用。

④ 信息服务。这是从用户角度来说的，对于一个网格系统，能够使用户方便快捷地查询网格所提供的各类服务，帮助用户更好地享受网格计算带来的便利。

网格计算具有两个特点，一个是具有很强的数据处理能力，另一个是能够充分利用网络中的闲置计算能力，进而可以实现诸如计算资源、存储资源、信息资源、数据资源等的全面共享。目前主要存在以下几种类型的网格。

① 计算网格(computational grid)。聚合网络上分布的各类同构或异构的计算

机、工作站等,形成对用户透明的、虚拟的高性能计算环境。对于整个网格来说,每台计算机构成一个网格。计算网格就是利用这些计算机进行数据处理,或者分担比较繁重的计算任务。

② 抽取网格(extracting grid)。从空闲的服务器和台式机上抽取 CPU 时间片,主要用来处理资源密集型的任务。

③ 数据网格(data grid)。将数据知识库作为接口提供给某一机构,利用该接口,用户可以方便地进行数据的查询和管理。

④ 信息网格(information grid)。主要研究是智能信息处理,包括信息过滤、清洗、融合等内容,目标是解决信息孤岛问题,实现信息共享。

网格计算的应用领域如图 4-4 所示。例如,在金融服务领域,利用网格计算可以成倍提高交易的速度,减少数据处理时间,增加网络环境稳定性。在政府代理机构邻域,可以使用网格对数据进行存储、保护和集成。在生命科学领域,公司企业通过使用网格技术可以提高数据处理效率,从而比其他竞争对手更快地得到有价值的信息,更快地占领市场。综合分析其主要应用目的可以分为以下几类。

① 科学研究与开发。科研工作大多是信息和计算密集型的,涉及多种研究方法,利用网格计算可以大大提高科研人员的工作和开发效率。

② 商业智能分析。对于大型数据处理、分析、挖掘项目来说,利用传统的方式将耗费相对较长的时间,网格计算技术可以充分利用闲置的计算资源,通过整合提升分析过程的速度,同时提高精度。

③ 产品开发。对产品开发来说,普遍存在开发周期长、成本高等问题。利用网格技术,可以通过创建统一的产品开发网格,使制造商能够实现跨供应链的合作开发,从而减少开发周期、降低开发成本、缩短产品进入市场所需的时间。

图 4-4　网格计算应用领域

2. 网格计算系统

网格计算系统同时具有网络和分布式系统的一些特征,但作为一种能够提供动态资源共享和协同能力的基础设施又有其自身独特的特点。

(1) 网格系统特点

① 资源分配与共享。网格系统最重要的功能就是通过互联网将地理位置上独立分布的计算机、数据库等资源连接起来，整合成一个大的虚拟系统，实现资源与信息的共享、协同、通信等。目前，大多数企业的计算机利用率都不高，利用网格技术可以将这些闲置的计算资源联网，对其进行统一调配，实现资源利用最大化。

② 异构性。在网格系统中，存在不同类型的资源。这些资源都是异构的，同时对于每一种资源，又具有不同的属性。

③ 动态性。网格系统中的资源具有一定的动态性，例如运行程序时内存占有量会随着进程的变化而变化，而且局部网格环境也会随着计算和数据资源的进入、故障等动态的变化。

④ 自相似性。在网格系统中，其局部和整体之间具有一定的相似性，局部与整体之间往往相互包含对方的某些特征。

⑤ 管理的多重性。对于网格系统，其包含的资源从用户的角度来说，属于个人或者机构团体；从系统整体来说，是由系统管理员根据需要进行统一调度的。

(2) 网格体系结构

近年来，网格计算技术不断发展，其体系结构也在不断变化，主要发展历程如图 4-5 所示。网格体系结构是关于如何构建网格的技术和相关规范的定义，包括组成整个网格系统的各个部分、定义每个部分的功能、各部分之间的关系，以及将不同部分集成在一起的方法。网格体系结构可以分为积木块结构、层次结构、概念空间结构、混合结构。目前比较重要的网格体系主要有织女星网格体系结构、五层沙漏体系结构和开放网格服务体系结构(open grid services architecture, OGSA)。

图 4-5　网格体系结构发展历程

① 织女星网格体系结构。

织女星网格体系结构是由中国科学院提出的。其主要设计思想是将网格当作一部超级计算机系统，包括各种类型的计算机，主要由网格硬件、网格操作系统和应用系统三部分组成。织女星网格与国外的网格系统相比，其最大的区别在于网格硬件资源路由器。资源路由器可以组织资源信息、接受资源请求、通过转发资源信息、寻找自身所需资源。其过程类似于传统路由器的路由与转发功能。织女星网格的层次结构如图 4-6 所示。可以看出，织女星网格各层之间都可以进行信息和资源的交互，网格硬件层包括大量的计算资源，如高性能计算机、互连系统等。网格操作系统是针对网格硬件开发的软件系统，主要完成对数据、资源的管理，相关协议的处理等功能。应用系统包括网格应用服务器和其他应用服务器，为用户提供一体化的使用模式。

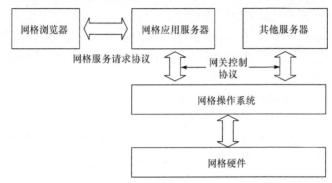

图 4-6　织女星网格层次结构

② 五层沙漏体系结构。

五层沙漏体系结构是一种早期的网格抽象层次结构，参照沙漏模型的原理构造的一种以协议为中心的体系结构，如图 4-7 所示。在该结构中，沙漏的底层是构造层，主要面对物理资源，对这些资源进行管理，并向上层提供这些资源信息。资源与连接层是该结构的核心部分，包括一些核心协议，主要提供资源与服务的安全访问功能，可以促进单独资源的共享。沙漏结构的汇聚层主要提供多个资源协同工作，如联合资源调度、信息读物等功能，为最上层的应用层提供系统和应用开发所需要的工具和环境。

③ 开放网格服务体系结构。

2002 年，开放网格服务体系结构的概念首次在全球网格论坛上提出。这是五层沙漏结构之后出现的另一种比较重要的网格体系结构。该结构强调以服务为中心，认为一切皆是服务。服务具体指的是网络可达，并且能够提供某种能力的实体，如网络、数据库、计算和存储，以及其他一些资源。

开放网格服务体系结构是由节点和连线构成的一个框架，一个节点表示一个网格服务，节点之间的连线表示网格服务之间联系交流的方式，即语言。开放网格服务体系结构支持动态服务和资源的创建、管理和应用。开放网格服务基础架构由五层构成，自上而下分别为应用层、汇聚层、资源层、连接层和结构层。开放网格服务体系结构如图 4-8 所示。开放网格服务基础架构具有以下几个特点。

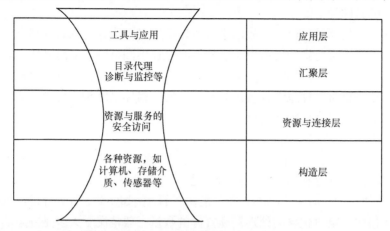

工具与应用	应用层
目录代理 诊断与监控等	汇聚层
资源与服务的 安全访问	资源与连接层
各种资源，如 计算机、存储介 质、传感器等	构造层

图 4-7　五层沙漏结构形状图

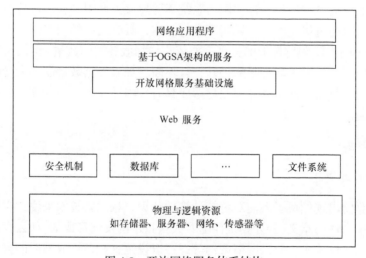

图 4-8　开放网格服务体系结构

第一，以服务为中心。五层沙漏结构以协议为中心，试图将异构、动态等分布环境下的共享资源进行分解，放置到各层中以实现资源共享的目的。开放网格服务体系结构则是以服务为中心的结构，将一切当作服务，以服务来统一定义各个层次之间的功能。

第二，网格与 Web Service 的结合扩展。Web Service 是一种分布式计算范式，定义了一种解决不同机器之间数据交换或继承必须借助第三方软件或硬件的技术。应用该技术可以更好地解决网格系统中不同网格之间资源或服务的频繁交换问题。

由于网格中存在大量的临时服务，因此开放网格服务体系结构将网格与 Web
Service 技术结合并进行相应扩展，融入服务的思想，充分发挥二者的长处，提高
网格系统的整体性能。

第三，应用领域广泛。开放网格服务体系结构以服务为核心的特点，使我们
可以在不同层次进行资源的虚拟化，从而实现在不同机制下的跨域协作。这样就
扩大了其应用范围，不再局限于科研领域，可以进一步向工业、商业等领域扩展。
目前，开放网格服务体系结构被认为是未来的网格体系结构，已经成为事实上的
网格体系标准，具有广阔的前景。

(3) 网格计算与集群计算的区别

① 支持计算机范围不同。相比集群，网格能够支持更多的计算机类型，但不
同计算机之间可能存在信任度较低的情况。

② 本质不同。网格从本质上来说是动态的，例如资源、服务等都可以动态地
出现在网格中。集群包含的处理器和资源的数量一般情况下大多是静态的。

③ 分布范围不同。集群一般分布在物理位置相对较近或者相同的地方，集群
之间主要通过局域网进行互连。网格系统不受地域上的限制，可以分布在任何地
方，网格可以通过局域网、广域网等进行互连，具有较高的动态性和扩展性。

④ 规模不同。集群性能的提高主要依靠增加服务器的数量，但网络互连的容
量是有限的，其性能不能无限的提升，且不断增加服务器数量需要大量的资金，
因此其性价比较低。网格通过虚拟化形成具有较强计算能力的计算机，其扩展不
会受到限制。

4.2.3　云计算

1. 云计算概述

云计算的出现颠覆了人们对传统计算的认识，相比其技术来说，它的概念可
能更具有革命性的意义。云计算是伴随着大量技术的发展形成的，如云存储技术、
大规模在线计算技术、新兴网络架构等，可以说是这些条件成熟后的自然产物，
是社会经济发展到一定阶段的必然选择。

(1) 云计算特征

① 以网络为中心。网络是云计算依赖的主要环境，各部分组件及整体架构都
是通过网络接入的，同样也是通过网络向用户提供各种计算服务。

② 虚拟化。云计算与传统计算模式的最大区别就是利用了虚拟化技术。通过
虚拟化，云计算将传统的网络、计算，以及存储资源进行整合，通过相应软件进
行处理，从而转化为服务提供给用户。

③ 按需自助服务。用户可以通过开放的接口，根据需要自动得到计算资源能

力,如存储资源、网络资源等。

④ 资源的池化与透明化。从云服务提供者的角度来看,云计算将底层各种资源进行整合,统一进行管理分配,形成资源池。对用户而言,资源池中的资源是透明的,不必知道其内部结构,只关心自己的需求就可以了[16]。

⑤ 高扩展和高可靠性。云计算要提供各种计算服务不但需要高可靠性的底层架构,而且要能根据不同的需求进行扩展。

(2) 云计算类型

云计算不是单一实体,可以针对不同的服务制定不同的业务模式,每种模式服务于一类特定的用户或机构。云计算类型如图 4-9 所示。

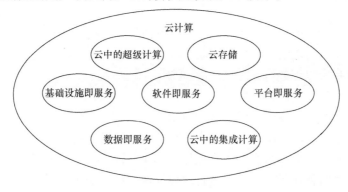

图 4-9 云计算类型

① 云中的超级计算。云计算的目的是提供各类计算服务,而随着大数据时代的到来,人们对复杂计算的需求越来越强,而基于 Web 的云计算技术可以为其提供较强的计算能力。

② 云存储。云存储是在传统分布式存储的基础上利用高吞吐率网络技术,将网络存储资源进行高效的整合管理,并提供友好的接口,发布便捷的网络存储服务。目前,国内外各大厂商都在部署研究云存储技术,并推出相应的产品,如 Google Drive、iCloud、金山快盘、华为网盘、酷盘、360 云盘等。

③ 基础设施即服务(infrastructure as a service, IaaS)。基础设施即服务是将基础设施资源,如服务器、网络、存储等作为一种服务提供给用户。这样,用户就不必自己建设这些基础设施,只需提供相应的租赁费用即可[16]。

④ 软件即服务(software as a service, SaaS)。软件即服务是云计算服务提供商通过互联网向用户提供软件应用能力,并按照用户订购的内容,例如服务量和时长向用户收取费用的服务模式。

⑤ 平台即服务(platform as a service, PaaS)。平台即服务是 SaaS 的一个变种,厂商不提供单个 Web 应用,而是提供一个基于云的软件开发环境。

⑥ 数据即服务(dataas a service, DaaS)。数据即服务是一个新的服务概念，以数据为核心资源进行集中管理，能够有效地提升系统性能。目前，该技术还处于探索阶段，未来的发展方向还不是特别明朗。

⑦ 云中的集成服务。由于集成服务可以方便地连接应用与数据，具有较好控制集成工作流的能力，因此有公司提出将集成服务迁移到云中，主要思路是通过提供一个可靠的托管队列来实现存储的信息在计算机之间相互传输。开发者能够方便地在分布式部件之间传输数据，而不会丢失信息。该技术目前仍处于早期，未来还有待进一步观察。

2. 云计算的发展前景

目前，云计算的发展已经达到了一个峰值，各项技术逐渐成熟，应用范围不断扩大。基于对目前云计算发展现状与各类研究报告的深入研究，未来我国云计算的发展将呈现以下趋势。

(1) 混合云发展前景广阔

相比公有云和私有云，混合云的应用前景更好。据统计数据显示，虽然使用公有云的企业占比较大(88%)，但其中大部分企业只在云端运行很小一部分的企业应用。长远来看，大多数企业将会把更多的业务转移到云端来实现。当前大多数新生企业，都将使用云计算技术进行应用部署。对于企业来说，对系统的安全性要求较高，但同时又希望尽量避免复杂的管理操作。混合云正是结合了公有云的便利性和私有云的安全性高的特点，正好可以满足企业的上述需求。目前，各大云服务商和设备厂商也在不断的推出新的云产品，如托管云、云桌面等提供多种混合云解决方案。预计在未来几年，混合云的市场规模将进一步扩大。

(2) 云计算应用向传统行业渗透

互联网的快速发展，使传统行业面临巨大的挑战。随着"互联网+"概念的提出，大多数传统行业纷纷拥抱互联网，产生了大量的新兴产业，如电子商务、电子政务、智能交通、智慧医疗等。传统行业的大量"触网"，使网络上的数据量呈指数级增长，传统行业对计算服务的需求也与日俱增，这便为云计算从互联网行业向传统行业的转变提供了良好的契机。目前，云计算已将政府和金融行业作为转变的突破口。此外，各大互联网金融行业，如蚂蚁金服、天弘基金、宜信、众筹网等均已将业务迁移至云端。

(3) 云计算与物联网融合产生新市场

"互联网+"理念的进一步发展，催生了如工业 4.0、智能交通、智能家居等新兴概念，以物联网技术对各类传感器收集到的大量数据进行分析，实现实时监控预测等。要对这些数据进行分析就需要强大的计算能力，这便成为云计算与物联网相互结合的巨大动力。2015 年以来，各大互联网、设备商纷纷提供面向物联网场景的云计算服务。云计算与物联网在技术和业务模式上的结合仅仅是个开始，未来将是信息、通信和技术研究发展的重要阶段。

4.3 网络计算的发展趋势

前面介绍了几种比较典型的网络计算应用及其未来的发展方向。接下来我们站在网络计算整体的角度探讨未来网络计算的发展趋势，虽然目前网络计算技术得到长足的发展，但是其背后还存在一些潜在的问题。众所周知，网络计算有很强大的计算和资源共享能力等。互联网及网络技术的快速发展为分布式计算、网格计算，以及云计算提供了一个很好的契机。然而，如何更好地抓住这个机会，使网络计算得到进一步的发展，我们试着从以下方面给出一些建议。

1. 以需求为导向开展实践工作

在我国，网络计算技术的发展还处于初级阶段，还有大量的工作要做；结合实际需求来开展研究与实践，是现阶段促进网络技术发展的有效途径之一。

① 要进行网络计算研究，需要具备良好的网络环境。虽然我国目前的一些通信基础设施及网络带宽得到了很大的提升，但对于网络计算来说还远远不够。因此，首先要大力发展通信基础设施建设，提高网络的整体性能。

② 加快高性能处理系统的发展。无论对于网格计算，还是云计算来说，都需要高性能的计算机作为基础来实现大规模复杂问题的计算。这个高性能一般指具有万亿次以上的计算能力，由于高性能系统要能够支持大量的计算机运行时的最大负荷，因此必须在现有技术上有所突破，适应新应用的需求。

③ 网络计算技术要进行实践。除了必要的网络和硬件环境，还需要加大对于软件的研究与开发的投入，进一步改善高性能网络计算的环境及加强软件的研究与开发工作。

2. 以实践促进理论基础研究

在我们以需求为导向进行网络计算技术的实践过程中，将会不断地遇到理论难题。根据唯物辩证法的理论，理论用来指导实践，实践反过来对理论进行验证和改进。在网络计算的发展中，首先是进行实践，然后再完善相应的理论。因此，我们需要建立相应的理论体系，研究一些关键技术，如智能传感网构建、网格建立的标准等。同时，还要关注国外网络计算的最新技术，跟上时代的步伐。在分开研究网络计算不同形式时，还要注意进行综合分析，从整体上对其进行把握。

我们应该结合实际问题提取其本质发展规律，从而促进网络计算技术的原始创新。

4.3.1　计算虚拟化

1. 虚拟化的发展历程

虚拟化技术指的是在计算机上模拟运行多个操作系统。这些操作系统可以同时运行多重任务，摆脱传统计算机只有一个操作系统，以及各种操作系统不兼容的问题。虚拟化技术的发展过程如图 4-10 所示，可以看出它始终坚持资源利用最大化的目标。

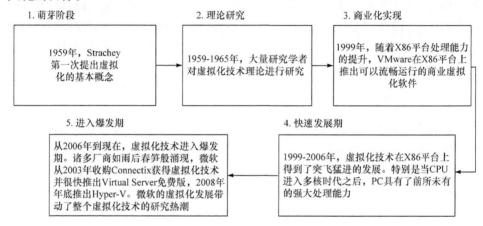

图 4-10　虚拟化技术发展过程

与传统的整体思维不同，虚拟化技术将应用系统的各层面进行隔离，打破服务器、存储、物理设备之间的界限，实现架构动态化，对物理资源及虚拟资源的使用形成集中管理，从而提高系统结构的灵活性和弹性，进一步降低设备成本、提升服务质量、减少管理风险等。目前，虚拟化技术的主要分类如图 4-11 所示。

计算机的虚拟化通过在单个计算机上模拟多个操作系统，使其具有多个计算机的特点，有时甚至是完全不同的计算机。通过这种方法可以提高计算机的利用率、减少资源浪费、降低成本。网络架构的复杂化和企业对计算要求的提高，使虚拟化技术可以对多个虚拟平台统一管理。随着大数据和云计算时代的到来，虚拟化技术也在逐步向全系统虚拟化的方向发展。实现虚拟化技术有两种方法可以采用，一种是通过硬件的模拟，如利用 VMware 或者其他虚拟化软件来完成计算机的虚拟化；另一种是通过主机，这种方式对主机有一定的要求，需要主机能够支持一定数量的虚拟操作系统。

虚拟计算机系统结构如图 4-12 所示。

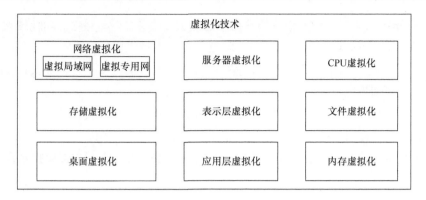

图 4-11　虚拟化技术分类

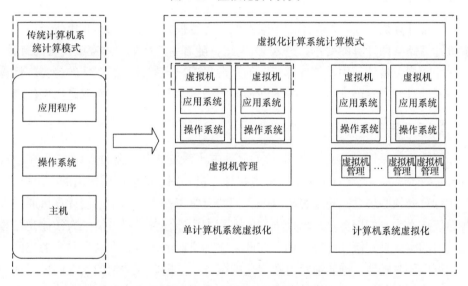

图 4-12　虚拟计算机系统结构

2. 计算虚拟化越来越流行

目前，越来越多的企业开始使用虚拟化技术。对于中小型企业来说，网络建设的资金有限，要想部署高性能服务器，一般来说有两种方法可供选择。第一种就是购买 8、9 台性能普通的服务器进行配置；另一种是用差不多的费用来购买 2、3 台性能较高的服务器，并利用虚拟化技术达到前者所能提供的性能，甚至更高，但占用的空间更小。只要稍加思考，相信大多人都会选择后一种方案。这也是虚拟化技术在中小型企业得到普及的主要原因之一。对于大型企业来说，虚拟化技术更具有吸引力。相比传统的方式，虚拟化具有如下优势。

① 运维成本低。大型企业的数据中心庞大，服务器数量较多，功耗较大，利用虚拟化技术可以减少服务器数量，降低功耗，节省机房建设成本。

② 安全性高。相比传统方式，虚拟化技术具有较高的安全性，可以有效防范系统宕机和病毒感染等。

③ 资源管理便捷。采用虚拟化架构后，资源管理起来方便快捷，操作也更加简单，并且可以对 CPU、网络带宽，以及内存进行动态分配。

不只是企业，还有各种科研机构、政府等，都在大量应用虚拟化技术提供的计算服务。

4.3.2　计算泛在化

随着计算机和互联网技术的不断发展，计算模式在 20 世纪 80 年代经历了从主机计算到桌面计算的变革。进入 21 世纪，随着手持终端、可穿戴设备的普及，以及非常规设备的使用，使计算资源的来源呈现出多样性、泛在性的趋势。计算机技术的进一步发展催生出大量的新型计算技术，其中泛在计算就是典型代表。

1. 泛在计算时代

泛在指的是广泛存在、无处不在。泛在计算最早由美国的迈克·威士在 *The Computer for the 21st Century* 中重新审视计算机和网络的应用后提出的一个概念。泛在计算的核心理念是将计算机融入人们的日常工作和生活中，使计算机通过无线通信技术为人们服务，从而使人们的注意力回归任务本身。清华大学徐光祐教授给出的定义是：泛在计算是信息空间与物理空间的融合，在这个融合的空间中人们可以随时随地、透明地获得数字化的服务[17]。随时随地指的是人们可以在生活、工作等各种场合获得计算服务。透明则是对于用户而言的。

互联网的发展将我们从分布式计算时代带入泛在计算时代。泛在计算的基本特征是将各种事物与计算机联系起来，包括日常生活中的常见物品、机器设备，甚至微生物。泛在计算简单来说就是一种人工制造的设备，是一种相对更为先进的设备，是用来承载无线计算的设备。

2. 泛在计算研究现状

1990 年以来，许多政府、科研机构，以及商业机构等都十分关注对泛在计算的研究。在他们的大力推动下，泛在计算已经成为一个新的研究领域。

(1) 科研机构方面

① 相关研究计划广泛开展。从 20 世纪 90 年代中后期开始，很多美国与欧洲

的知名大学和科研机构都启动了相关研究计划。美国的 MIT、CMU、Stanford、UCBerkeley，德国的 GMD、University of Karlsruhe，英国的 Cambridge、Lancaster 等都开展了相关研究。

② 相关学术会议大量召开。针对泛在计算的研究，目前已在国际上形成多个比较重要的会议，如 1999 年开始的 Ubi Computing 会议和 2000 年开始的 Pervasive Computing 会议。除此之外，与泛在计算研究相关的各种形式的会议在全球各地召开了数十次，其中部分会议被提到国际比较重要的学术会议中召开。

③ 相关学术刊物广泛发行。针对泛在计算的研究，目前有两份专门刊印泛在计算研究进展的期刊，分别为 *Personal and Ubiquitous Computing* 和 *Pervasive Computing*。有关内容也曾在其他重要期刊上进行发表过，如 *IBM Systems Journal Special Issue on Pervasive Computing*、*Special Issue of IEEE Personal Communications on Pervasive Computing* 等。

(2) 政府的支持

近年来，各国政府都比较重视对泛在计算的研究与应用。例如，欧洲政府部门直接资助的 Ubiquitous Computing in Europe 计划和英国的 Equator 计划等；美国国防部下属的先进项目管理局、美国标准技术研究院不但对泛在计算提供经费支持，还专门设立 Ubiquitous Computing 项目，资助相关的研究计划。

(3) 商业界的应用

近几年，随着互联网的不断兴起，各种新兴计算技术不断出现，吸引了国内外的 IT 巨头。泛在计算由于其概念的新颖性和广阔的应用前景，成为了各大巨头的首选。例如，IBM 公司、微软、Sun 公司、HP 公司等都对泛在计算的研究投入大量资金。其中，IBM 公司最为积极，一直在倡导泛在计算的研究与应用。微软也实施了 Easy Living 计划，主要研究泛在计算中的关键技术和商业化应用。同时，以计算中的关键技术为核心的新兴计算机公司也不断出现，投入到泛在计算的研究队伍中，进一步促进了泛在计算的研究与应用。

3. 泛在计算的应用领域

泛在计算主要集中在物联网和泛在网两大应用领域。目前，物联网在国内处于快速发展的阶段，各大研究机构纷纷开展物联网的研究与应用。

物联网的概念最早是在 2000 年提出的，当时被称为传感网，是由传感器的发展而产生的。关于物联网，国际上依然没有形成一个明确的通用官方定义。相对比较权威的国际电信联盟将物联网形容为一个无所不在的，以及在任何时间、任何地方，任何人、任何物体之间都可以相互连接的计算及通信网络。

泛在网是无处不在的网络，指人们随时都处在网络中，能够实现人在任何时间、任何地点，与任何事物之间进行信息交换。

比较物联网、泛在网和泛在计算的定义，就会发现它们有很多相似之处，但又有不同。泛在计算强调的是事物的计算属性，而物联网更加偏重万物互联，泛在网描述范围更广，更像是一种理想状态。再进行深入对比就会发现，物联网内在包含着泛在计算的理念，两者既有虚的一面，也有实的一面。物联网更加强调泛在计算实际应用的一面，因此物联网更像是泛在计算的一种具体应用。相比较而言，泛在网更关注泛在计算虚的一面。它描绘的是未来网络的应用场景，强调人的主体作用，更像是一种理想化的哲学思想。

第 5 章　网络与存储

本章介绍网络与存储相关的内容，包含网络存储体系、网络存储架构和网络存储技术。然后，介绍网络化存储系统——大数据存储。

5.1　网络存储特性

以下从网络存储体系、网络存储架构、网络存储技术三个方面对网络存储特性进行阐述。

5.1.1　网络存储体系

根据存储介质的发展可以把网络存储体系分为磁带存储、磁盘存储、光盘存储、闪存、磁盘阵列(redundant arrays of independent disks, RAID)、网络存储系统等阶段。

磁带存储在 20 世纪 50 年代开始应用于数据存储，典型的设备是大型的磁带机。磁带存储是以磁带为存储介质的一种计算机辅助存储器，由磁带机及控制器组成。磁带存储器以顺序方式进行数据存取，存储数据的磁带可从设备中脱离出来携带，实现脱机保存和交互读取数据，具有存储容量大、价格低廉等特点，使其成为计算机外围常用的存储设备。

磁盘存储是以磁盘为存储介质对信息进行存储。磁盘存储通常由磁盘、磁盘驱动器和磁盘控制器组成。它的特点是数据传输速度快、存储容量大、存储数据不易损坏、可较长时间保存等。

光盘存储器是在记录薄层上涂抹覆盖基体，使基体实现存储信息的功能。基体的圆形薄片一般由传导热量较少、耐热性较高的有机玻璃制成。在记录薄层的上面再涂抹覆盖基体形成保护薄片，以保护记录面不被破坏。光存储技术由于其大容量、高密度特性，于 20 世纪 80 年代中期开始进入数据存储领域，一直是影音信息存储的首选载体。

闪存是一种数据不易丢失和中断的长寿命存储器，利用 Flash Memory 技术达到存储信息的效果。由于它具有数据不易丢失的特点，断电时亦可存储数据，闪存通常被用来保存重要的配置信息，如基本输入输出系统(basic input output system, BIOS)、关键的客户资料、重要的图文资料等。闪存在 1999 年开始应用，解决了软盘易损坏、容量低、不易保存、不方便携带等诸多问题。由于其优势明显，在短短数年便一举将软盘挤出消费市场，成为主导移动存储的新一代王者，而 USB 等通用接口技术的发展更是助推了闪存技术的进步。

磁盘阵列由多个磁盘组合而成，容量巨大且具有冗余能力。多磁盘加成可达到优化整个磁盘系统性能的效果。随着网络信息化的发展和数据信息量的增大，我们可以采用该技术将数据存放在不同的硬盘上，通过分段存储和管理来提高系统效率，降低设备故障造成的数据大批量丢失损坏的风险。RAID 技术支撑的服务器磁盘阵列，以及专注数据存储的外部磁盘阵列系统逐渐成为应用的主流。

网络存储系统不只是磁盘阵列的堆砌，更是一种以计算机网络技术为基础，与信息存储技术结合的技术体系，通过分开进行数据处理与数据存储，可以更好地对海量数据进行存储管理。与传统的集中式存储相比，分布式网络存储将数据存储在若干独立的存储节点，已成为网络存储系统中应用最多的存储类型。网络存储系统的结构由最初的直连附加存储(direct attached storage, DAS)，逐渐发展成以 NAS 和 SAN 为主要形式的基于局域网的网络存储，最后不断升级为基于广域网的数据网格(data grid)。

5.1.2　网络存储架构

本地存储就是本地磁盘，是指安装在同一台计算机上不可随意拔插的磁盘。多块磁盘只要是安装在同一台计算机上便可称为该计算机的本地磁盘。通过网络连接访问的是共享磁盘不是本地磁盘，同样通过一台计算机外部连线连接但可随意拔插的移动磁盘也不是本地磁盘。

由于本地存储本身的限制，现在的数据存储方式已经逐步转变为网络存储的方式。在 DAS、NAS 与 SAN 架构的基础上，一些更加新型的网络存储技术不断被发现、设计和应用，如存储虚拟化技术、对象存储技术、网格存储技术、云存储技术。

网络存储技术不但能解决数据存储空间有限的问题，还有其他存储系统无法超越的成本和性能的优势。网络存储技术不断提升和突破，容量更大、速度更快、安全性更高。

目前高端服务器使用的专业网络存储架构可分为 DAS、NAS、SAN 和互联网小型计算机系统接口(Internat smau computer system interface, iSCSI)。

1. 直接附加存储

DAS 存储设备直接通过电缆连到服务器，并且输入/输出请求也是直接发送到存储设备。DAS 依赖服务器，大体由硬件设备堆叠而成，不带任何存储操作系统[18]。DAS 结构示意图如图 5-1 所示。

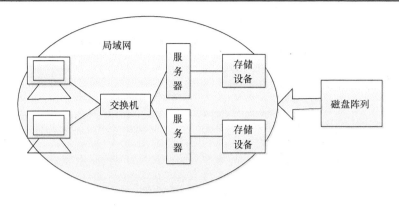

图 5-1　DAS 结构示意图

DAS 的购置成本低，操作配置简单容易上手，对于服务器的要求又很低，仅需一个外接小型计算机系统接口(small computer system interface, SCSI)，是中小型企业的优先选项。但是，DAS 存在如下问题。

① 服务器发生故障时，不能对数据进行访问。

② 多服务器系统设备多分散，不便于管理。

③ 当多台服务器同时使用 DAS 时，存储空间不能进行动态分配，很可能造成资源的浪费。

④ 数据备份操作复杂。

DAS 的适用环境如下。

① 服务器地理位置较分散，很难通过 SAN 和 NAS 进行互连时。

② 存储系统必须被直接连接到应用服务器(如微软群集服务器)时。

③ 需要直接连接到存储器上的某些应用来调取信息时。

2. 网络附加存储

NAS 包含一个特殊的文件服务器，可直接与网络介质相连进行数据存储。由于 NAS 是连在局域网上的，这些设备都分配有 IP 地址，因此客户端可以通过该特殊服务器对存储设备进行存取访问，甚至可以直接对存储设备进行访问。NAS 结构示意图如图 5-2 所示。

NAS 不一定是盘阵，一台普通的主机就可以成为 NAS。实际上，自身带有磁盘和文件系统，并且对外提供访问接口的主机就可以称为 NAS。因此，NAS 易于安装部署和配置，使用管理起来也很方便。NAS 中的设备直接连到 TCP/IP 网络上，网络服务器通过网络存取和管理数据，客户机可以不通过服务器直接在网络上存取数据，因此可以减少服务器的开销。NAS 的统一存储系统可以应用在异构平台上。但是，NAS 也有以下不足。

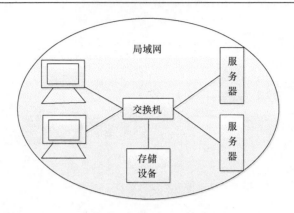

图 5-2　NAS 结构示意图

① NAS 是通过一般的网络通道传输数据，若同时有不相关的大量信息传输，很可能影响系统性能，甚至导致瘫痪。

② 普通网络传输安全系数不高，容易导致数据泄漏等安全问题。

③ 存储只能通过文件方式访问，而不能直接访问物理数据块，某种程度上会降低系统效率，因此大型数据库不宜使用 NAS。NAS 与 DAS 性能比较如表 5-1 所示。

表 5-1　NAS 与 DAS 性能比较

比较项目	NAS	DAS
核心技术	基于 Web 开发的软硬件集于一身的 IP 技术	硬件实现 RAID 技术
操作平台	完全跨平台文件共享，支持所有操作系统	不能跨平台文件共享，受限于某个独立的操作系统
操作系统	独立的 Web 优化存储操作系统，不受服务器干预	无独立存储操作系统，需相应服务器的操作系统支持
安装	方便快捷，即插即用	设置 RAID 比较简单，连上服务器时操作复杂
连接方式	通过 RJ-45 接口连接网络，直接从网络上传输数据	通过 SCSI 线接在服务器上，通过服务器网卡连接网络传输数据
存储数据结构	集中式数据存储，方便网络管理员集中管理，降低维护成本	分布式数据存储，网络管理员需要耗费大量时间从不同服务器中分别管理，维护成本较高
数据管理	管理简单，基于 Web 的管理界面简单明了	管理比较复杂，需相应服务器操作系统支持
软件功能	自带支持多种协议的管理软件，功能多样，一般集成本地备份软件	自身没有管理软件，需另行购买
拓展性	可在线增加设备，无需停顿网络	增加硬盘后需重启机器，影响网络服务

3. 存储区域网

SAN 是一个连接服务器和存储资源的高速专用子网。服务器作为客户与存储设备的交互点，中间通过光纤路由器、交换机等设备传输和交换数据。在有些配置中，SAN 也与网络相连。SAN 将某些交换机当作连接设备，作为 SAN 中的连通点。SAN 使不同网络间的相互通信成为可能。其结构示意图如图 5-3 所示。

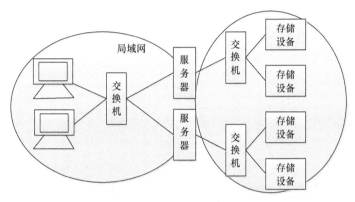

图 5-3　SAN 结构示意图

SAN 最重要的三个组成部分是设备接口(如 SCSI、光纤通道、管理系统连接等)、连接设备(如交换机、网关、路由器、集线器等)和通信控制协议(如 SCSI 等)。这三个组件再加上存储设备和服务器，就构成一个 SAN 系统。SAN 实际是一种专门为存储而存在的建立于 TCP/IP 网络之外的专用网络，涵盖所有后端存储相关的内容，包含的东西很广。一般 SAN 的传输速度是 1~4Gbit/s，同时 SAN 是一个高速专用子网，因此其存取速度很快。除此之外，SAN 一般采用高端的 RAID 阵列，高端的存储设备加上高效的传输速度，SAN 的性能可以说在这几种专业网络存储技术中遥遥领先。因为 SAN 是一个专用网络，所以它的扩展性很强，不管是在 SAN 系统中增加较多数量的存储设备，还是增加几台连接服务器都非常方便，而且简单易行。同时，SAN 系统还可以对数据进行集中备份，非常高效和方便。SAN 相对来说是一种较新的存储方式，可以预见未来存储技术将由它带领，但是也存在一些不足。

① 成本过高。不论是光纤通道交换机、光纤通道，还是服务器上使用的光通道卡价格都十分昂贵，不是一般小型企业能接受的。

② 并不是使用普通的网络传输，而是运行在单独的光纤网络中，大幅增加了异地扩展的难度和可操作性。

比较 SAN 和 NAS 可以发现，这两种技术实际上是互补的。SAN 和 NAS 可以满足不同的用户需求,如 SAN 可以满足高效、大量传输的要求,而 NAS 则更加满足日常办公中传输小文件的需要。SAN 可以针对用户的关键应用进行数据存储和管理,如数据库、信息备份等,便于数据的集中存取与更好的管理。NAS 支持几个客户端之间或者服务器与客户端之间的文件共享,如文件服务器、存储网页等。现在越来越多的企业是用 SAN 的存储系统作为所有数据的集中管理和备份(高性能、大容量的后端存储),而需要文件级的共享则使用 NAS 的前端(只有中央处理器和操作系统)。因此,NAS 产品可以与 SAN 结合使用,为 SAN 中的文件传输提供更好的性能。

4. iSCSI

iSCSI 又称为 IP-SAN 技术,是一种基于因特网及 SCSI-3 协议下的存储技术,由互联网工程任务组(Internet Engineering Task Force, IETF)提出,并于 2003 年 2 月 11 日成为正式的标准。iSCSI 技术是一种新型存储技术,该技术是将现有的 SCSI 接口与以太网技术结合,使服务器可与使用 IP 网络的存储设备相互交换资料。iSCSI 结构示意图如图 5-4 所示。SAN 是建立专用的存储区域网络,其成本太高,而 iSCSI 是利用普通的数据网络来传输 SCSI 数据,可以在很大程度上降低成本,并且使用起来也灵活方便。随着千兆以太网的普及,万兆以太网也逐渐被应用到很多地方,SAN 的传输速度相对 iSCSI 的优势已不明显。

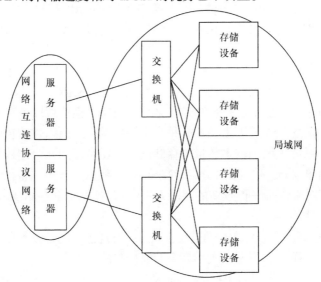

图 5-4　iSCSI 结构示意图

5.1.3　网络存储技术

随着网络存储信息容量的不断增大，存储管理越来越复杂，管理费用占存储预算的比例越来越高。存储虚拟化技术作为解决存储管理问题的有效手段，越来越受到业界的关注。

为了达到海量数据和大规模存储资源自主优化的目的，业界人士做了很多技术研究。这些技术有些是根据存储外部负载的大小来调整系统的存储策略；有些是将内部的存储资源进行划分，区别放置不同类型的数据；有些是定义了管理规则，根据规则自动调整系统的存储管理。这些技术都在一定程度上实现了根据外部负载的特征结合存储资源的分级管理，调整数据的分布策略以达到系统性能优化的目的，并且具备一定的自主优化功能。

1. 存储虚拟化技术

存储虚拟化是提高网络存储系统整体性能的关键技术之一，也是目前业界研究的热点。存储虚拟化的目标是屏蔽主机和应用程序物理存储设备的特性，实现对物理设备透明的管理。虚拟化整合了包括高、中、低三种等级的存储设备，使人们可对其进行统一管理，增加存储系统之间的互操作性。

存储虚拟化就是在存储系统中增加一个虚拟化层，将存储系统中的物理存储设备映射到单一逻辑资源池。通过虚拟化，用户可以根据需求对资源进行合并、重新组合等操作，并分配给特定的主机或应用程序，使用户操作感受像一般的存储设备，不需要知道设备的供应商和设备的具体位置，可以对存储系统进行统一的管理，用户的存储系统可以容纳更多的数据。

存储虚拟化的方法有基于主机的虚拟存储、基于存储设备的虚拟存储、基于网络的虚拟存储。前两种方法都已趋于成熟，现在的研究主要基于网络的虚拟存储[19]。网络的存储虚拟化主要是基于 SAN 架构，大多采用一个专用的服务器作为虚拟化层。这个专用的服务器称为元数据服务器或元数据控制器。根据该服务器是否在数据传送的路径上，可以将基于 SAN 的存储虚拟化实现方式分为对称结构和非对称结构两种模型。两者的区别在于数据与控制信息是否使用同一通道传输，对称结构在同一通道传输，非对称在不同通道传输。

对称结构模型也称为 in band 模型，是最常用的虚拟化形式。它是在服务器和存储设备之间的数据通道中插入存储虚拟层，并由虚拟化管理软件来管理和配置存储设备和服务器，其中数据和控制信息使用同一条通道进行传输。基于 SAN 存储虚拟化的对称结构模型如图 5-5 所示。这种结构容易实现、操作简单，而且将虚拟化层完全实现在专用虚拟平台上，对应用服务器和存储设备的影响最小，同时可以节省硬件投资。但是，数据传输和元数据访问都必须通过元数据服务器，很可能在元数据服务器处造成网络拥塞，形成系统瓶颈，影响系统的整体性能。此外，在实际应用中，这种结构往往采用冗余配置，以避免单点故障给系统造成巨大伤害。

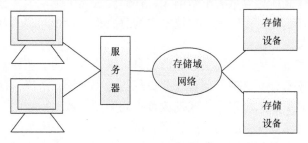

图 5-5　基于 SAN 存储虚拟化的对称结构模型

非对称结构也称为 out of band 模型，它与 in band 模型的区别在于数据和控制信息使用不同的数据传输通道。装有虚拟化管理软件的主机和控制器从数据通道的外部接入存储网络，以实现对网络的操作管理。如图 5-6 所示为基于虚拟化存储的非对称结构模型。由于数据在专用的数据通道内传输，因此可以减少网络时延，提高带宽的可用性，同时还可以避免对称结构中系统单点故障的存在，大幅提升系统的整体性能。由于虚拟化层的部分模块需要嵌入到应用服务器的操作系统中，操作较为复杂，并且在一定程度上增加了用户的投资。

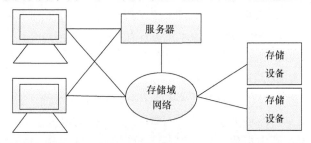

图 5-6　基于 SAN 存储虚拟化的非对称结构模型

2. 对象存储技术

网络存储工业协会对对象存储设备是这样定义的：一种新的 SCSI 存储设备；对象可以类比为传统的文件；对象是自完备的，包含元数据、数据和属性；对象的存储位置和数据的分布由存储设备进行分配；存储设备可以为不同的对象提供不同的 QoS；对象存储设备相对块设备来说更加智能化，因为用户不需要知道对象的具体空间分布，仅通过对象 ID 就能访问对象。

对象存储模型与传统存储模型相比，发生了一些改变：基于对象的存储，将存储模块转移到存储设备中；将设备的访问接口转变为对象访问接口。传统存储模型改变后的对象存储模型如图 5-7 所示。

3. 网格存储技术

网格存储是通过网络以一种灵活、弹性的方式高效、最大限度地利用可用存储资源，可以摆脱集中式交换机或者集线器的束缚，更加高效地管理网络存储资源，同时保障海量数据存储的安全。简单地说，网格存储就是通过网格计算将网络中的计算机资源整合起来统一管理，形成一个强大的计算系统。它将网络中的存储系统进行整合并统一管理，可以对全部的存储资源进行统一查看和管理。网格存储架构如图 5-8 所示。

图 5-7 对象存储模型　　　　　　　　图 5-8 网格存储架构

网格存储是以节点之间的备份为基础，每个独立的节点都有缓存和 CPU 处理能力，可以同时在多重节点进行内容存储和管理，在多重节点之间可以自由地进行资料传输。网格存储最根本的功能是共享，如不同架构存储系统之间的共享。它可以将 NAS 和 SAN 两种不同技术的管理方式、不同的存储应用融合在一起，使存储更简单。网格存储兼容不同的网络协议，支持不同的系统平台，可以在多个不同的分布系统上运行并且同步[20]。

网格存储具有以下特点。

① 高可靠性。网格存储不但使任意两节点间都可以相互通信，而且为每个存储节点间提供多个通道，使维护和管理时比较方便。

② 互通性。所有节点上的资源都是互联互通的，能够及时满足需求的分配和

调节。

③ 性能优。不需要具有大量端口的集中式交换机，规避了单点故障存在的风险，且多通道可以进行负载均衡，提升系统性能。

④ 可扩展性。网格存储简化了平台与管理架构，使存储设备向外扩展更加容易。

4. 云存储技术

云存储是从云计算的概念上发展而来的。云计算中的"云"指的是商业部分，"计算"指的是技术层面。美国国家标准与技术研究院定义的云计算是一种使用按需付费的方式为用户提供随取随用的、共享的、可配置的计算资源(网络、服务器、存储设备、应用和服务)。这种"云"模式包含五个基本特点、三种服务模式和四种部署方式。计算资源可以通过网络将硬件、平台、软件虚拟化后提供给用户，用户可以像用水电一样使用各种计算机软硬件及服务资源。云计算平台可以根据需要动态地部署、配置、重新配置，以及回收应用软件平台和服务器资源。

与传统的存储系统相比，云存储不是一些硬件设备的堆砌，而是一个包含接入网、交换设备、服务器、存储设备、各类软件、访问接口和客户端应用程序等的复杂系统。云存储系统以存储设备为核心，用户通过应用软件获取数据、存储数据和业务访问等服务。如图 5-9 所示为云存储的简易架构图。云存储对元数据定义考虑的是数据的静态特征。数据通常存储在固定的物理位置，很可能随着外界的使用而发生变化，同时外界对它的需求也在不断发生变化，而目前云存储还无法灵活、智能地管理这些动态数据，实时调整数据分布策略。此外，云存储也无法根据存储设备的性能和容量特性划分不同的存储设备服务级别，因此无法更好地响应不同用户要求和负载特征的数据访问需求。

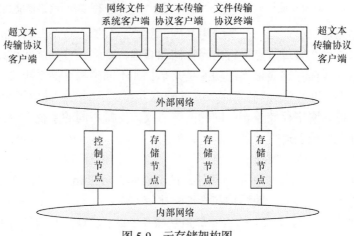

图 5-9　云存储架构图

5.2　网络化存储系统

下面从三个方面介绍网络化存储系统，首先是集中式与分布式存储系统，然后是灾难备份系统，最后是生产系统与数据迁移。

5.2.1　集中式与分布式存储系统

集中式存储是指建立一个大型的数据库，把各种信息都存进去，在信息库的周边有很多种功能模块对信息库进行增加、删除、修改、查询等操作。集中式存储不但支持基于文件系统的 NAS 存储，而且支持基于块数据的 SAN 存储，以及光纤通道(fibre channel, FC)、iSCSI 等访问协议，并且可在一个界面对数据进行集中管理，是结构化数据和非结构化数据存储的不二之选。

分布式存储系统是将数据分散在多个数据存储服务器上。传统的网络存储系统采用集中式存储方式存放数据，随着数据量的增加，集中式存储不易扩展且数据太多不好管理，所有数据集中在存储服务器上很容易导致数据安全问题，且一旦出错会严重影响系统性能。分布式存储系统采用可扩展的系统结构，同时利用多台存储服务器对数据进行存储，利用位置服务器定位存储信息。这种结构和方式不但可以提高系统的存取效率、可靠性和可用性，而且还易于扩展，给后期维护工作提供便利。

分布式存储系统具有如下特性。

① 高可扩展性。分布式存储系统可以扩展到成百上千的集群规模，而且随着集群规模的增长，系统整体性能表现为线性增长，优势明显。

② 高可靠性。众所周知，可靠性是所有系统设计时考察的重点。分布式环境更加需要有高可靠性，用户将信息保存到分布式存储系统的基本要求就是数据可靠。

③ 低成本。分布式存储系统的自动容错、自动负载均衡机制使其在普通 PC 机上就可建立使用。除此之外，系统的线性扩展能力也使其增加或减少设备非常易于操作，且可以实现自动运行和维护。

④ 高性能。分布式存储系统中的每个存储服务器都可独立操作和管理，避免数据集中导致的数据安全问题和系统性能下降。

⑤ 易用性。分布式存储系统能够提供易用的对外接口。另外，该系统也要求具备完善的监控、运维工具，这样便于与其他系统更好地集成。

分布式文件系统或网络文件系统是一个可以通过计算机网络访问和获取存储在不同主机中数据的系统。多用户和多应用之间可以共享数据和存储资源，可以有效解决数据存储和管理的难题。

分布式文件系统产生于1980年，其代表是网络文件系统(network file system, NFS)和Andrew文件系统(andrew file system, AFS)。NFS由太阳微系统公司于1985年开发，是用来对远程文件进行透明存取的一种方法，但是NFS可扩展性差，是基于单服务器模型的。AFS采用全球统一的目录结构，用户只需要和AFS中的任意一台服务器相连，无论从任何地方访问都能获得整个系统的服务。2000年以后，分布式文件系统得到了更多的关注和发展，其中以谷歌文件系统(google file system, GFS)和Lustre最为著名。GFS解决了NFS可扩展性差的问题，由一个主服务器和多个块服务器组成，能为多个客户端应用程序提供文件服务。存储方式是将文件分成固定大小的数据块，由主服务器管理存放在不同服务器的本地硬盘上，用户可以同时在多个节点提取数据，提高了系统的整体性能。除此之外，GFS还具备容错能力，且由于它运行在普通硬件上，使用成本相对较低。

5.2.2　灾难备份系统

1. 灾备系统概述

灾难备份系统(简称灾备系统)是指在距离较远的地方，建立与自身生产系统功能相同的两套或多套的IT系统，系统之间可以彼此同步进行状态监视和功能切换，当某一处系统因意外(如水灾、火灾、泥石流等)停止工作时，整个应用系统可以切换到另一完好的IT系统，使系统功能可以继续正常运行。灾备技术是保证系统高可用性的一个重要组成部分，必须最小化外界环境的突然改变对系统造成的影响，特别是针对灾难性事件对整个IT节点可能造成的不良影响，提供了节点级别的系统恢复功能。如图5-10所示为灾备系统结构示意图。

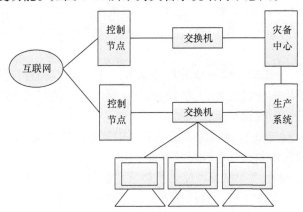

图 5-10　灾备系统结构示意图

2. 灾备技术

在灾备系统建设中，需要关注数据容灾、系统容灾和应用容灾三个方面。其中，数据容灾是前提和基础，只有保证数据能完整、及时地复制到灾备中心，才能在灾难发生时及时有效地恢复受灾业务；系统容灾是实现灾难恢复的基础，要求信息系统本身具有容灾抗毁能力；应用容灾是信息系统保持业务连续性、不间断服务的关键。

数据容灾是建立一个异地的数据系统，将本地关键应用的数据实时复制在该数据系统里。在本地数据甚至整个应用系统出现灾难时，至少可以在异地的数据系统中获取一份可用的关键应用数据。该数据可能是本地生产数据的完全实时复制，也可能比本地数据略落后，但一定是可用有效的[21]。

应用容灾是在数据容灾的基础上，在异地建立一套完整的与本地生产系统相同的备份应用系统。应用容灾备份的内容较多也更全面，一份可用的复制数据是基础，除此之外还要有包括网络、主机、应用，甚至 IP 等资源。可以说，应用容灾才是真正意义上的容灾系统。

系统级容灾技术保证系统的可用性，避免计划外停机。系统级容灾技术包括冗余技术、集群技术、网络恢复等技术。冗余技术主要针对磁盘系统、电源系统和网络进行备份，在系统的主部件遇到停电或者发生故障时，冗余部件能自动代替主部件继续运行系统，保持数据不中断。集群技术可以通过相互独立的计算机相互作用，保证操作系统的高可用性。网络恢复技术可以在交换机网络层实现动态网络路由重选，在不中断用户操作的情况下转入灾备中心。

灾备系统的实现可以采用不同的方式。一种方式是通过硬件设备进行数据复制。数据的复制完全通过专用线路实现数据在物理存储设备之间的交换。另一种方式是通过软件系统实现实时的远程数据复制，并且实现全程实时高可用性(远程监控和镜头切换)。

数据容灾技术(硬件容灾和软件容灾)，又称为异地数据复制技术，按照其实现的技术方式可以分为同步传输方式和异步传输方式。由于容灾的距离长短会高度影响数据容灾的性能和效率，数据容灾又可以分成远距离数据容灾和近距离数据容灾。

(1) 同步传输的数据复制

同步数据容灾，简单来说就是通过容灾软件将本地生产系统的数据通过某种机制复制到异地。从广义上讲，同步数据容灾是指无论在异地，还是本地的数据都是实时同步的。利用同步传输方式建立异地数据容灾，确保在本地系统遭受灾难时，异地系统至少存有一份与本地数据完全一致且实时的数据备份。但是，该系统利用同步方式进行数据传输，必须充分考虑性能因素。同步数据传输方式主要涉及带宽、距离、中间设备和协议转换的时延。

在数据流量很大的情况下,本地带宽如果相对远程传输带宽窄很多,将会明显降低生产系统的效率、拖慢进程,影响系统的性能。

当传输距离很长时,线路上的传输延时将严重影响传输效率和系统整体性能。

(2) 异步数据复制

同步数据容灾一般只能应用在两地距离较短时(10~100km),如果超过这个距离,就没有什么实际应用价值和优势了。因为当传输距离为 1000km,即使以 10MB 的速度将数据复制到异地,其响应速度也会过慢。异步数据容灾的要求是传输带宽和距离能保证数据复制完成,同时数据复制的过程不影响生产系统的使用和整体性能。因此,在考虑使用异步数据容灾时,应注意考察以下条件和因素。

① 带宽必须能保证将本地数据基本完全复制到异地容灾端,还要考虑距离对传输能力的影响。

② 异地容灾中异地保存的数据会比本地生产系统中的数据滞后一定时间,这个时间因技术先进度、传输距离、带宽和数据流特点等因素不同而有所差异。一般情况下,软件方式的数据复制技术具有数据包排队和断点重发机制,在灾难情况下可以保证灾难时间点的数据一致性。

③ 异步容灾基本不影响本地生产系统的使用和整体性能。

异步数据复制方式与同步传输相比,对传输带宽和距离的要求低了很多,只需要将数据复制到异地即可,对及时性没有特别的要求,基本不会影响生产系统的使用和整体性能。但是,它也有其自身的不足,例如当本地生产系统发生灾难时,异地灾备系统上的数据可能会有短暂缺失(如传输速度过低可能导致数据未完全发送),但是不影响数据的有效性和一致性。

5.2.3　生产系统与数据迁移

数据迁移是信息系统整合中保证系统平稳顺畅切换升级和更新的关键。在信息化建设过程中,随着计算机技术和网络技术的不断发展,原有的信息系统将面临被功能更强大的新系统取代的局面。在新旧系统的升级更换过程中,必然要解决数据迁移的问题。

1. 数据迁移的概念

原有的旧系统在使用期间必定积累了大量有用的历史数据,其中很多历史数据都是启用新系统必不可少的。数据迁移就是把历史数据进行清洗、整理、转换,然后装载到新系统中的过程。数据迁移主要应用于旧系统切换到新系统,或者多套旧系统整合切换到一套新系统的情况。银行、税务、商务、电信、保险、销售等领域发生系统切换时，由于数据的重要性和必不可缺性，一般都必须进行数据迁移。除此之外，现在大多的信息化建设是将多个独立的系统或网站整合为一个新系统。新系统要求多个不同的系统同时运行，而且相互间的信息可以自由传递和共享，那么在建设过程中就需要将多个旧系统的数据整合汇聚到新系统中。

数据迁移的重要性不言而喻，而数据迁移的质量不但会影响新系统是否能成功上线，而且是新系统运行后进行数据分析和稳定运行的重要依据和保障。如果数据迁移失败，新系统将不能正常启用；如果数据迁移的质量差，没有清除掉无用数据和垃圾数据，可能会影响新系统的整体性能，并造成各种隐患，严重时还会导致系统运行异常，因此数据的成功迁移至关重要。

2. 数据迁移的方法

系统切换时的数据迁移和数据抽取不同。数据抽取是将生产系统中从上次抽取后发生变化的数据同步更新存储到数据仓库，一般以天为单位按照一定周期进行抽取。数据迁移需要在短时间内一次性或者分批次地将需要的历史数据进行清洗、整理，然后装载到新的生产系统中。

数据迁移的方法大体有以下三种。

(1) 系统切换前通过工具迁移

使用该方法的前提是历史数据可以映射到新系统中正常使用。在系统切换前，利用数据转换加载工具对旧系统中的历史数据进行清理、提取、转换，然后装载到新系统中。数据转换加载工具中有些是开源的，可以自主开发，也可以选择购买成熟的产品直接使用。这种工具是数据迁移最常用、最快捷的方法。

(2) 系统切换前采用手工录入

这种方式主要用于弥补上一种方法中的缺陷部分，例如那些无法转换到新系统中的数据就可以用这种方式录入。录入过程在进行系统切换前，相关工作人员把需要的数据以手工录入的方式载入新系统。但是，这种方法需要大量人力资源和物资消耗，同时出错率也比较高，所以通常不建议使用该方法。

(3) 系统切换后通过新系统生成

在系统切换完成后，新系统中已经载入了一些有用的数据，然后再利用新系统自带的一些相关功能或者开发相关配套程序利用新系统中的数据生成用户需要的数据。

数据迁移的策略概括来说有一次迁移、分次迁移、先录后迁、先迁后补等几种方式可供选择。

① 一次迁移是指一次性将所有的历史数据全部迁移到新系统中。一般使用一次迁移方式的新旧系统数据库差异都不大，数据类型都比较统一，甚至单一。如

果数据量大，一次性迁移的工作量和工作强度会比较大，对于迁移过程中的监控和管理会比较复杂。当然这也有好处，如迁移的效率高、耗时较短，一次性迁移相对来说风险更低，可能突发的问题更少。

② 分次迁移就是将需要的历史数据分批次迁移到新系统中。相比一次迁移，分次迁移可以大大减小相关人员工作的强度，但是容易导致数据在新系统中合并时出错，而且次数越多，数据损坏的可能性就越大。除此之外，分次迁移的复杂度也更高，因为在迁移时需要对之前迁移的数据进行同步，以保证数据整体的一致性。分次迁移一般先迁移静态数据和不常变化的数据，如用户常用信息和一些固定结构数据等，然后对动态数据进行迁移，如位置信息、交易信息之类频繁变化的数据，当迁移后的静态数据发生改变时，则将其更新的信息同步到新系统中。

③ 先录后迁简单来说就是先手工录入一部分数据，再迁移其他数据。有一些数据是新系统搭建和运行必不可少的，如果恰好这些数据也无法用数据迁移工具导入，那么就需要在系统切换前，先通过手工录入的方式把一些数据载入新系统，确保新系统的成功建立和运行，其余的历史数据待系统切换时再进行迁移。

④ 先迁后补是在系统切换前通过工具或者迁移程序对需要的数据进行迁移，然后利用迁入的数据生成需要的新数据。这种情况有利于减少迁移大量重复数据，可以提高迁移的效率，仅需要对独特或者原始的数据(不可程序生成)用迁移工具载入，再生成大量数据即可。

5.3　大数据存储

大数据是指大小已经超出了传统可承受的范围，而一般的软件工具已经难以存储、管理和分析的数据。大数据的"大"并不仅仅是数据容量大，更在于数据的收集、存储、维护，以及共享的过程中的难操作赋予的"大"，更多的意义是数据大量增加，我们可以对其分析进行利用，通过对这些数据的整合和分析，我们可以获得新的知识，创造新的价值。

业界人士将大数据的特点概括为 4 个 V(volume, velocity, variety, veracity)，即第一，数据量巨大，从 TB 级跃升到 PB 级；第二，数据类型繁多，包括日志记录、视频、图片、文档信息、地理位置信息等；第三，有用价值密度低，但商用价值高；第四，处理速度快。大数据的处理与云计算、分布式系统紧密相关，一般要求在秒级时间范围内给出分析结果，时间太长就失去了价值。最后这一点是大数据和传统的数据挖掘有着本质区别的地方。

大数据既包含结构化数据，也包含非结构化数据和半结构化的数据，而且特点是数量巨大、变化快。传统的数据存储方式和架构已经不能完全满足现在大数据的需求，大数据应用的一个主要特点是实时性或者近实时性，而且激增的数据量大多是非结构化数据。因此，大数据存储需要大容量、高性能、高吞吐率的设备。传统的关系数据库有所限制，不能很好地解决大数据带来的问题，在越来越多的应用场景下，显得不那么合适。非关系数据库则有更好的特性，逐渐成为解决大数据存储问题的关键。

5.3.1　数据库系统

针对不同规模的数据集与应用，一般设计不同的数据库系统，传统的关系数据库已经很难充分满足大数据带来的多样性和大容量的需求。由于模式自由、易于复制、可提供简易应用程序编程接口(application programming interface, API)、最终一致性和支持大容量的特性，非关系型的数据库(not only SQL, NoSQL)逐渐成为处理大数据的基本选择[22]。下面简要介绍三种主流的 NoSQL 数据库。

1. 键值存储数据库

这是最常见的 NoSQL 数据库，因为基本上所有的编程语言都带有它。它的数据按照键值对的形式存储，可以进行创建、删除和更新操作。键值存储适合不涉及过多数据关系的业务数据，如果键值对是已知的，那么键值对存储数据库比结构化查询语言(structured query language, SQL)数据库存储有更佳的读写性能，还可以有效减少读写磁盘的数量。

2. 列式存储数据库

列式存储数据库中的数据一般被拆分成多列进行集中存储，每列数据依次追加存储到对应列的末尾处。因此，在数据查询时，只需查询少数几个字段就可获得关联的批量数据，可以大大减少读取的数据量。除此之外，列式存储最具优势的一点是，由于查询中的选择规则是通过列来定义的，整个数据库是自动索引化的，因此适用于批量处理数据和实时查询数据。

3. 文档存储数据库

文档存储数据库支持结构化数据的访问，并且没有强制的架构模式。文档存储数据库以封包键值对的方式进行数据存储。

在网络环境中，数据库并非直接与各用户终端联机，而是与 Web 服务器进行沟通。这就是三层结构。在这种结构下，数据库从直接服务于各终端用户转变为只与 Web 服务器交互，它们之间的连接是否稳定，性能是否良好将严重影响整个网络。因此，选择最合适的数据库、与数据库相容的 Web 服务器及发展新型的数据库就尤为重要。

5.3.2　数据库管理系统

一般来说，在具体选购数据库管理系统时，应考虑以下几个因素。

1. 对于数据类型的支持

在传统数据库中，支持的数据类型并不多，主要有整数、字符串、浮点数等。这些数据类型对传统应用来说，可能勉强足够，但是对于 Internet 而言，已经远远不够了。Internet 中的数据库特别需要具备处理多媒体信息的能力，而传统关系数据库中多媒体信息的处理能力并不理想，应该选择面向对象数据库或对象关系型数据库。

2. 与 Web 服务器的结合

在 Internet 中，数据库与 Web 服务器交互次数最多，因此在选择数据库时需要重点考虑数据库与 Web 服务器的结合难易程度。传统数据库与 Web 服务器是通过公共网关接口程序来连接，大多是开放式数据库互连(open database connectivity, ODBC)界面。传统方式的优点在于可以支持多种数据库，但缺点是运行速度慢。此外，ODBC需要专业人士来操作。目前一些公司都有对 Web 服务器提供特别的支持，只需要安装一些程序，或是直接购买 Web 服务器就可以使用很简单的方式设计出与数据库相连的页面。选择一个能够完全搭配 Web 服务器的数据库是最重要的。

3. 性能与稳定性

在 Internet 环境中，对数据库的访问量往往较大，因此对于数据库的性能应该特别注意。除了性能，数据库的稳定与否是另一个左右用户工作效率的因素，甚至比性能更重要。因为一旦数据库不稳定，则可能一段时间内完全不会工作，此时的性能趋近于零。除了日常使用的稳定性，也要特别注意巅峰用量的稳定性。有时候某些因素会导致用户在同一时间对信息的要求很密集，此时的负载量将会大增。如果数据库不能处理此时的工作，就会连成无法负担的情形。因此，在满载，甚至超载的情况下数据库的工作也是很重要的。

此外，目前有些数据库产品甚至还有双主机的设计，也就是会有两个数据库同时工作，其中一台为备份主机。这台备份主机信息与真正进行服务的数据库是一样的。当主机不能正常工作时，备份主机会立刻取代原来的主机，这种结构的数据库具有更高的稳定性。

(1) 扩充性

通常我们很难预测 Internet 对数据库的需求在几年之后会变化多少，所以数据库的扩充性就成为考虑的因素之一。如果数据库的扩充性不佳，那么几年之后，当整个数据库不敷使用时，要扩充数据库就成为一个大问题。我们不可能将整个数据库抛弃，然后购买一个新的数据库。最理想的方式就是只扩充需要的部分就可以了，此时扩充性就显得十分重要。

(2) 安全性

在 Internet 中使用的数据库，很可能用来存放重要的信息，这些信息是不容许修改或被非相关人士接触的。如果数据库的保密性不足，信息很容易被别有用心的人窃取或篡改，因此谨慎地选择高安全性的数据库可以保护重要的信息。

5.3.3　与数据库相容的 Web 服务器

Web 服务器是 Internet 中的信息汇聚点，主要功能是将来源于不同终端、不同格式的信息汇聚整理成一致的界面。如何选择适用于 Internet 的 Web 服务器，主要考虑如下因素。

① 配合组织内现有的网络结构。如果新加入的 Web 服务器能与现有的网络系统集成在一起，将可以减少许多不必要的成本。

② 与后端服务器的结合。

③ 管理的难易度。

④ 开发 Web 页面的难易程度。在 Internet 开发的 Web 页面，多半将编写好的 Web 页使用 FTP 或其他传送方式将文件传送到服务器上。比较合理的做法是，用户不需要分辨是将 Web 页面的文件存放在自己的机器里，还是在服务器上，只负责编辑 Web 页面的内容即可。至于 Web 页面的存放，会有服务器自行控制，也就是服务器会自动将重新编辑好的文件取代旧的文件。更好的做法是会帮助用户留下旧的版本，并提供用户版本的管理功能。

⑤ 安全性。网络黑客这个名词，近年来时有耳闻，只要有网络的地方就有他们的踪迹。Web 服务器就是黑客最常攻击的。

⑥ 稳定性。系统稳定性是采购 Web 服务器需要考虑的重要因素。尤其是，服务器在高峰时间，很多系统往往承受不住突然升高的访问负载。此外，机器故障是难以避免的，因此准备备用的机器是必要的。在平时，备用机器的主要工作就是复制服务器的信息，一旦发生故障，就立刻取代原有的机器继续工作，这样可以将损失降至最低。

5.3.4　发展的新型数据库

数据仓库与决策支持系统是目前比较先进的新型数据库。

1. 数据仓库的概念

数据仓库的概念是由比尔·恩门提出的，其主要作用是分析大量数据本身及其关联的各种信息，并对其进行系统的分析和整理，为决策者做出更好的选择和决定。数据仓库具有面向主题的、随时间变化的、集成的、稳定的和极少更新的特点。

主题是数据库进行决策时用户关心的重点，每个主题对应一个宏观的分析领域，如客户、产品等，可以为辅助决策提供来自多个系统的参考数据。同时，数据仓库包含大量的历史数据，经集成后进入数据仓库的数据是极少更新的。数据仓库内的数据有效时限在 5～10 年，主要应用于对时间趋势的分析预测。

2. 数据仓库的结构

(1) 数据仓库的逻辑结构

数据仓库是存储数据的一种组织方式，首先从传统数据库中获取最近时期的业务数据，选取反映当前用户最感兴趣的业务数据，大量存储形成当前基本数据层，再从当前基本数据中提取以较小时间段统计而成的数据，形成综合数据层。随着时间的推移，当前数据会变成历史，这些数据存储下来反映真实的历史情况形成历史数据层。由此可知，一般数据仓库的逻辑结构有 3 层。

(2) 数据仓库系统

数据仓库系统由三部分组成，一是数据仓库，其数据来自多个数据源，分为内部和外部数据，包括企业运营数据、市场调查报告数据，以及各种网络文档等；二是仓库管理，在确定信息需求后，首先进行概念模型设计，之后进行逻辑建模，确定从数据源到数据仓库的数据抽取、清理和转换过程，然后便可设计出数据仓库的物理存储结构；三是分析工具，用于完成实际操作过程所需的各种查询检索工具、数据分析工具、数据开发工具和终端访问工具等。

3. 数据仓库的开发流程

数据仓库的开发流程包括以下步骤。

① 启动前收集大量信息确定应用需求，通过需求分析确认开发数据仓库的目标，并制定开发计划。计划包括确定数据类型、范围、软硬件设备、组员培训、管理监督职责和工程进度计划等。

② 搭建软硬件平台，提供开发数据仓库的良好环境，包括开发工具、顺畅的通信传输、终端访问工具，以及合理的服务水平目标等。

③ 确定主要内容进行概念模型设计，确定主题域并对其相应内容进行明确描述，选择数据源，对数据仓库的数据组织进行逻辑设计。

④ 分析概念模型中的主题域和用户需求，选择首要实施的主题，然后设计数据仓库中的物理存储结构，确定索引策略、数据存放的位置和管理分配方案。

⑤ 数据传输接口编程，在不同系统间建立接口，实现抽取数据、整理数据、集成数据等过程的设计和编码。

⑥ 数据仓库的使用和维护，管理元数据，定期更新数据仓库的当前数据，把原先的当前数据转换为历史数据，清除不再使用的数据，保证数据仓库的良好使用体验。

第6章 网络业务与应用

6.1 网络业务与应用

6.1.1 网络业务与应用的概念

网络业务是指网络为用户提供的所有能力或者功能。网络业务可以直接面向用户,但只是起到传递信息的作用,在整个事务或事件中只完成一个环节。网络应用是网络面向使用者的一种高级界面或接口,除需要网络多种信息传递(除业务)的支持,还有其他环节配合完成。

网络应用是网络化的事务活动,即利用网络系统提供的业务支持、网络资源和信息资源完成的社会日常事务流程或活动,如政府管理、商业活动、教育教学等,当然也有利用网络资源和信息资源的辅助决策活动。由于网络具有明显的分布特征,网络的应用可以完成许多分布进行的社会活动,如远程教育、远程医疗等。

任何网络都具有信息资源,只是量与质的差别。有的网络有支持运行和管理的信息,有的网络还具有大量直接向网络使用者提供服务的信息。而网络应用必须有网络上的三个方面给予支持,即网络业务(信息传递)、事务活动所需要的信息和网络资源,才能实现应用要求完成的功能。但是,应用也必须由网络管理系统予以管理,才能协调而高效地运行。

应用需要的各种支持具有不同的功能。首先是网络业务。业务就是应用组件,特别是实现应用的分布功能时,这些组件是必不可少的,它们可以将信息收集起来,也可以将信息发送出去,可以是点到点的信息传递,也可以是广播式的信息传递。在应用中,业务种类和信息方式是可选择的,存在不同业务支持统一应用,使应用具有不同的特性。其次,是网络资源。应用作为网络化和电子化的商务活动,从广义上讲都是信息处理,因此需要计算资源以支持信息的计算或处理;需要存储资源来存储信息处理的任何结果,包括中间结果。此外,信息的传递和传播还需要一定的带宽资源才能实现。不同的应用对网络信息资源的需求是不同的,包括资源种类、资源量,以及资源直接的配置关系。最后是网络的信息资源,应用不但依赖信息的加工和处理,而且依赖信息本身。应用就是对信息加工和处理后结果的决策活动,因此没有信息资源很难支持应用。信息资源包括信息形式和信息之间的关系,不同的应用需要不同的信息资源。

6.1.2　网络业务与应用的关系

GII 的建议书 Y.110 认为，网络业务是网络应用的支撑或基础，网络应用是人们使用网络业务进行的与信息处理相关的活动。网络应用除需要网络业务，还需要一些特定的软硬件支撑，一种业务可以支持多种应用，一个应用也可能涉及多种不同的网络业务。

由此可见，GII 对于业务与应用是基于 GII 角色的概念定义的。Y.110 还强调上述应用与业务服务区分的重要性，因为它不仅反映两者在商务安排上的差别，还反映电信行业与 IT 行业传统的分工。电信行业是提供业务，而信息行业是提供应用。

6.1.3　网络业务的分类

根据不同的划分规则，可将网络业务划分为不同的结果。本节从两个方面对网络业务进行划分：一是按照 3GPP 的标准划分；二是从用户的角度进行划分。

1. 按照 3GPP 的标准划分

在电信业务方面，3GPP 定义了会话类业务、流媒体业务、交互类业务和后台类业务等几种基本业务类型。会话类业务具有时延高敏感性，因此对时延、丢包率等参数有严格的要求。流媒体业务的基本特点是可以保证信息传输的连续性，最大限度地避免抖动，以保证用户体验。交互类是指信息的双向交互，请求与响应的过程。后台类包括文件传输、短信息等。此外，不属于以上三类的业务一般都包含在后台类，如 Email 等。从语音业务到数据业务的演化如图 6-1 所示。

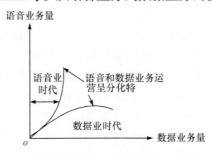

图 6-1　从语音业务到数据业务的演化

2. 按照用户角度划分

数据业务的多样性加剧了业务与网络资源分配的复杂化。不同业务类型具有不同的服务质量需求，而 QoS 将直接影响终端用户的业务体验。根据目前已有的业务，按照业务属性进行划分，大体有以下几种业务类别。

① 通信业务类。该业务类包括消息类、电话类、视频电话类、视频会议等。

② 互动业务类。该业务类包括各种电子商务、娱乐类业务、教育类业务、医疗类业务、门户业务及交互式广告等。

③ 单向推送业务类。该业务类主要指需要持续数字信息流推送的内容分发业务，包括广播业务、点播业务、广告业务、附加内容服务等，应用实例包括付费电视、公益广告放送等。

④ 其他业务类。该业务类包括公益类、资源出租类、呈现类，以及会话移动类等其他业务。

6.1.4　典型网络业务模式

1. 移动电子商务业务

移动电子商务就是利用手机、PC 等终端进行的 B2B(business to business)、B2C(business to customers)、C2C(customer to customer)，以及 P2P(peer to peer)、O2O(online to offtine)等电子商务[23]。它将 Internet、短距离通信技术、移动通信技术及其他相关的信息处理技术结合，使人们跨越时间和空间进行各种商贸活动，实现随时随地、线上线下各种交易活动，金融活动，商务活动及其他服务活动等。

基于位置的服务(location based services, LBS)技术和 O2O 模式应用于移动电子商务已经成为移动互联网应用发展的趋势。从技术角度来看，通过将 LBS 技术与移动电子商务结合，服务提供商可充分整合利用线上线下资源发挥其即时即地的优势。从市场角度来看，O2O 模式的应用将打开移动电子商务的新纪元，带动庞大的线下消费市场。

本书认为，一个完整的 LBS 系统应至少应包含定位系统、移动服务中心、移动通信网络和智能终端。基于位置的服务系统工作的主要步骤是：用户通过移动终端发出位置服务请求，该请求经过路由转发，传递到移动定位服务中心；经审核认证后，服务中心通过定位系统获取用户的位置等相关信息，然后服务中心再根据用户的位置，对服务内容进行响应。

因此，利用 LBS 技术，可以充分利用用户的碎片时间，推送其所在区域及周边的餐饮、休闲、服务等需要的信息，通过精准投送，促使用户在接受信息后产生一系列消费和交互行为。通过其他商家的示范效应，促使更多的商家加入平台，最终形成良性循环。基于 LBS 和 O2O 的移动商务业务模式如图 6-2 所示。

① 在该业务模式中，出于对本地生活服务的基本需求，首先就是用户签到。在市场开拓早期，内容提供商和商家需要通过举办各种活动来吸引、刺激用户使用或消费服务，最终培养用户的消费习惯。

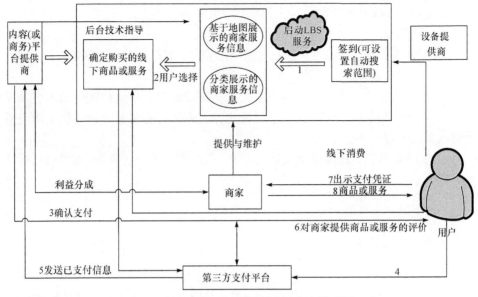

图 6-2　基于 LBS 和 O2O 的移动商务模式图

②　用户签到后，内容服务平台通过精准地理定位，把本地生活服务信息推送给用户。用户可以根据自己的需求，选择地图形式或者其他形式查看信息。

③　用户转入线上支付环节，此时通过第三方平台完成线上交易行为。用户根据支付凭证到线下实体商家享受服务。服务完成后，用户根据满意程度对商家进行线上评价，其评价行为也会随之带来其他的附加价值。

2. 智能医疗业务

智能医疗是指利用物联网技术实现各种医学数据的交换和无缝连接，对医疗卫生保健服务状况进行实时动态监控和连续跟踪管理，并为医护人员提供精确的医疗决策辅助[24]。智能医疗领域主要涉及远程医疗、医疗物资的监督管理及医疗信息数字化等方面。

如图 6-3 所示，智能医疗体系结构由感知层、传输层和应用层组成。感知层主要负责物理世界的物理感知、目标识别、数据采集、汇聚，以及将物理实体连接到网络层和应用层等。传输层主要实现信息的传递、路由选择和控制。应用层包括应用基础设施和各种物联网应用。

感知层是指利用各种医疗监测传感器采集个人的健康数据，把网内的所有人员和物品改造成信息物理系统节点。

应用层通过医疗相关的传感器设备或车载检测设备对患者的生命特征进行检测，通过无线通信网络将采集到的患者特征数据传送给医疗机构或数据库，然后

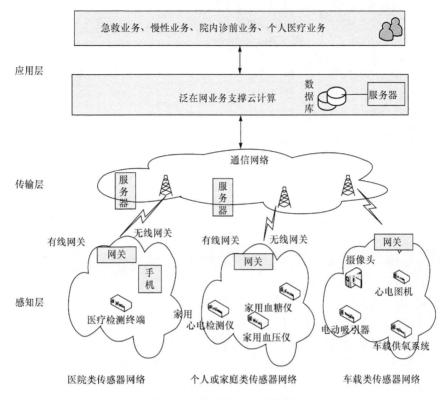

图 6-3　智能医疗应用架构模型

医务人员根据采集的数据及患者的电子档案，进行跟踪病情、远程指导等。

传输层支持 FTTx 和数字用户线路等有线接入方式，以及 3G、4G、WLAN 等无线接入方式。网关完成感知层和网络层之间数据和协议的转换，实现不同网络的互联互通。这里主要选取与业务用户关联程度比较高的个体和车载医疗急救两个场景。

(1) 个体场景类

基于泛在网的医疗健康监测业务是指应用现代通信方式和诊断工具，使用户能够在任何时候、任何地点采集个体数据，并将其及时精准地传送给相关医疗机构或医务人员，然后医务人员根据用户健康数据，实施健康指导。个体场景模式如图 6-4 所示。

个体类业务场景可划分为室内和室外两种形式。室内场景可以采用有线和无线两种方式进行数据传送。室外场景采用无线方式进行数据传送。医疗监测终端具有小型、便携和简单操作等特点，并且具备近距离通信的能力，以便将采集的数据传输至家庭医疗监测网关。

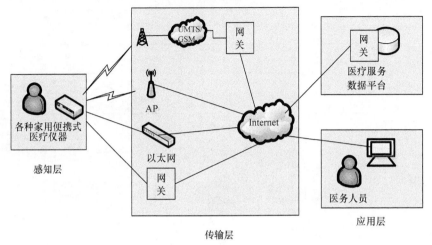

图 6-4　个体场景模式

(2) 车载医疗急救场景

车载医疗急救可以保证在送往医院的途中，最大限度地保证患者的基本生命特征，医务人员充分利用车上的急救设备对患者实施生命支持与监护，并与医院保持实时联系，通过无线网络实现急救车和医院之间的视频对话及生理数据的实时传递。医疗监测终端在具备基本医疗监测和通信能力的同时，还具备便携性及较强的抗毁能力。车载医疗急救场景如图 6-5 所示。

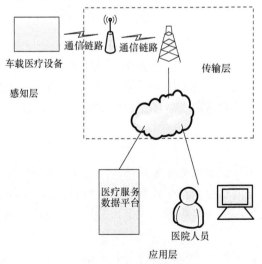

图 6-5　车载医疗急救场景

3. 下一代网络业务

NGN 是在一个统一的网络平台上以统一管理的方式提供多媒体业务。由于其具备分层结构和开放接口的特征，NGN 业务提供方式更加灵活多样，业务类型更加丰富和个性化。NGN 业务架构如图 6-6 所示。

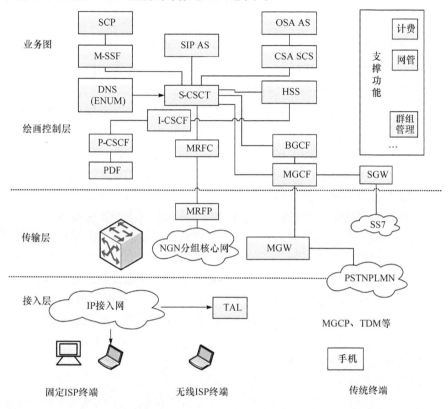

图 6-6 NGN 业务架构

NGN 业务具有多媒体化、智能化、开放性(标准及接口)、虚拟化的特点[25]。NGN 是基于业务和应用驱动的网络，提供的业务包括传输层、承载层、业务层。

传输层是网络的物理基础，主要提供网络物理安全保证，以及业务承载层节点之间的连接功能。

承载层基于分组的网络，提供分组寻址、统计复用及路由功能，为不同业务或用户提供所需的网络服务质量保证和网络安全保证，可以提供宽带专线等互联网接入和承载业务。

业务层主要是控制和管理网络业务，为用户提供语音、数据、视频等多媒体业务和应用。业务层是直接关乎用户体验的层面，因此是 NGN 非常重要的层面。

在 NGN 业务环境下，业务和网络相互独立，多种角色通过多种方式参与业务，因此随着多种角色的持续加入，NGN 业务的市场份额将不断扩大，影响力和价值链也将不断提高。

6.2　网络服务支撑体系

6.2.1　安全支撑体系

随着信息化的发展，网络安全问题日益突出，它要求网络能实现端到端的安全信息传输，如加密机制、签名机制、防火墙、防病毒保护等[26]，从整体上可分为商务交易安全和网络安全。商务交易安全围绕传统商务在网络应用中产生的多种安全问题，在计算机网络安全的基础上，保障以电子支付和电子交易为核心的电子商务过程顺利进行，即实现电子商务保密性、可鉴别性、完整性、不可伪造和不可抵赖性。网络安全的主要内容包括系统安全、设备安全、数据库安全等。网络安全主要针对网络自身有可能存在的问题，所以实施网络安全增强方案以保证计算机网络自身的安全为目标。下面介绍电子商务的主要安全技术。

依据攻击能力和使用手段的不同，可以将威胁归结为有组织结构的内部和外部威胁、无组织结构的内部和外部威胁。一般来讲，内部威胁重在威慑；外部威胁则强调防御。真正完成一个安全的电子商务系统，要求做到的安全需求主要包括完整性、机密性、认证性、不可抵赖性、不可拒绝性、访问控制性、原子性等。电子商务的安全问题涉及电子商务和参加交易的各个环节，解决电子商务的安全问题是一个系统工程，也是一个社会问题，包含的技术范围比较广，主要可以分为网络安全技术、加密技术，以及身份认证技术等三大类。

(1) 网络安全技术

网络安全是保障电子商务安全的前提，因此电子商务系统应在安全的网络基础设施上建立。网络安全涉及操作系统、防火墙技术、VPN，以及各种漏洞检测技术等。

(2) 加密技术

加密技术作为主动的信息安全防范措施，利用加密算法，将明文转换成为无意义的密文，阻止非法用户理解原始数据，从而确保数据的保密性。

单钥密码加密技术又称对称密钥加密(图 6-7)，其特点是用相同的加密算法且只交换共享的专用密钥加密，解密也是使用相同的密钥。常用的加密算法有 DES、IDEA、RC4 和 RC5 等。

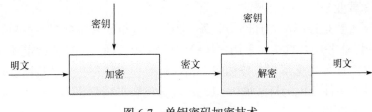

图 6-7　单钥密码加密技术

双钥密码加密技术又称非对称加密(图 6-8)，使用公开密钥算法时，密钥被分解为专用密钥和公开密钥。其最主要特点是加密和解密使用不同的密钥，每个用户都保存一对密钥(公开密钥和秘密密钥)。在非对称加密算法下，公钥是公开的，任何人都可以用公钥加密信息，再将密文发送给私钥拥有者。私钥拥有者利用其私钥对接收的信息进行解密。

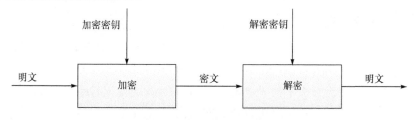

图 6-8　双钥密码加密技术

(3) 身份认证技术

身份认证技术是标志通信各方身份信息的一系列数据，通过运用加密技术建立起一套严密的身份认证系统，防止信息被窃取、篡改，验证用户身份和防止抵赖。

电子商务的安全支撑体系架构如图 6-9 所示。对外部系统来说，若由用户访问该系统，应首先进行用户的身份认证，确保访问用户身份不被假冒。从系统内部来说，如果用户通过身份认证后，访问系统的资源时，用户的访问权限应被正确的设置，保证只分配给用户在满足操作下的最小权限。

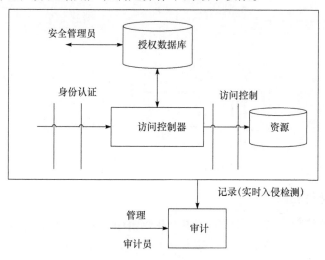

图 6-9　安全支撑体系架构

在电子商务支付系统中，消费者和商家主要面临如下威胁。

① 非法用户以客户名义订购商品，而要求商家退款或返还商品。

② 付款后，商家不发货。

③ 定单确认信息被篡改。

④ 商家发货，但未收到贷款。

支付系统的安全问题是整个电子商务安全问题的关键，也是信用的中介。保证支付系统的安全便能在很大程度上保证整个电子商务系统的信用安全。

6.2.2　第三方交易支撑体系

第三方支付作为独立机构，通过与各大银行签约，对接银行支付结算系统接口与交易平台的网络支付模式。以阿里巴巴旗下的支付宝为例，第三方支付平台相当于买卖双方交易过程中的"中间件"，在买家确认收到商品前，由该平台替买卖双方暂时保管货款，这样既可以避免非法客户收到货款后拒绝或者虚假发货，也可以避免买方抵赖，收货却不付款的行为。它为用户提供在线支付，可以增加商家的销售额，促进物流行业的快速发展，增强资金流动性，很大程度上解决了电子商务的信用与安全瓶颈。

第三方支付平台架构如图 6-10 所示。其数据流程图如图 6-11 所示。

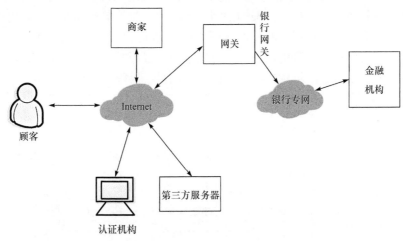

图 6-10　第三方支付平台架构

6.2.3　信用评价支撑体系

信用评价依赖在线信用评估系统。在线信用评估系统通过对参与者历史表现记录的信用评估，将结果公开、共享，可以作为买卖双方重要的信息参考，从而达到降低交易风险的目的。

在线信用评估系统要满足以下三个条件。

① 被评估者持续存在性。如果被评估者消失或通过其他手段更换了身份，那

么其附带的信用信息就失去了意义。

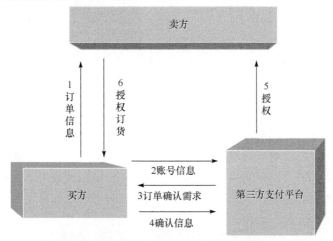

图 6-11　第三方支付平台数据流程图

②　当前的信用评估的可得可见性。不管采用何种方式进行评估，系统必须能得到相关的评估信息，在进行必要的计算后，能提供平台或接口，并使这种信息能被用户查询到。

③　信用评估信息能帮助消费者决策。这是信用评估系统建立的目的，即根据信用评估信息来帮助用户寻找合适的商家，特别是陌生的商家。

在线信用评估系统的目的是给电子商务的参与者提供交易对方的信用参考，以减小风险。以消费者为例，信用评估体系结构如图 6-12 所示。

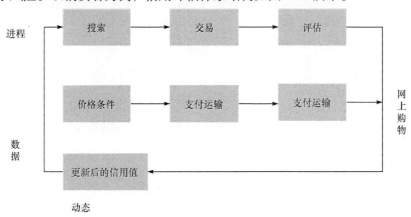

图 6-12　信用评估体系结构

消费者在网上搜索信息，寻找满意的供应商并与之进行交易。交易中双方主要涉及支付、物流等细节。由于电子商务固有的信息不对称性，产品质量、服务等，只能在结束后的评估中反映出来，而更新后的信誉值又可作为消费者寻找供应商的一个参考。

6.3　网络信息服务技术

6.3.1　信息服务的基本概念

信息服务是用不同的方式向用户提供所需信息的一项活动，是信息管理活动的目标和结果。信息服务活动通过研究用户、组织用户、组织服务，最终将有价值的信息传递给用户，帮助用户解决问题。因此，信息服务实际上是传播、交流和实现信息增值的活动。信息服务的主要内容是对用户及信息需求进行研究，以便向他们提供有价值的信息。

6.3.2　信息服务的原则

① 针对性原则，是指信息的推荐服务，通过跟踪和学习用户的兴趣和行为，组织并选取资源特征，采用适当的方式推荐给目标用户群。

② 及时性原则，是指把最新发生的信息最快地传递给用户，体现出信息的价值。

③ 易用性原则，是指让产品的设计能够符合使用者的习惯与需求。以网站的设计为例，希望让用户在使用过程中不会产生压力和挫败感，并能让用户快速、便捷、高效的使用网站功能。

④ 成本/效益原则，是指作出一项财务决策要以效益大于成本为原则，即某一项目的预期效益大于其成本时，才具备可行性。

6.3.3　信息服务技术

当前互联网技术正处于一个发展变化时期，Web 已成为人们获取信息的重要途径，由于 Web 信息的日益增长，人们不得不花费大量的时间去搜索，浏览自己需要的信息。

下面介绍信息服务技术两种常用的手段。

1. 信息推荐服务技术

信息推荐服务技术是为了给用户提供个性化的服务，跟踪、学习用户的兴趣和行为，并通过技术手段将合适的资源推荐给用户。下面从用户描述文件的表达与更新、资源描述文件的表达及个性化推荐等方面讨论推荐服务技术的实现。

如图 6-13 所示，用户描述文件可以存放在服务器端、客户端及代理人端。大部分用户描述文件都存放在服务器端,这样可以避免用户描述文件的传输,并且除了支持基于内容的过滤,还可以支持协作过滤。但是,也有其缺点,即用户描述文件不能在不同的 Web 应用之间共享。当然也有一些系统的用户描述文件是存储在客户端和代理端,这里不深入讨论。

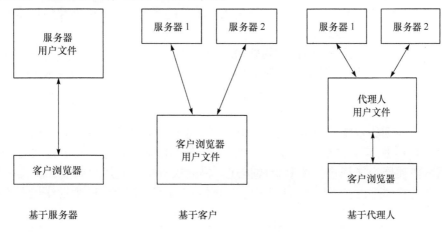

图 6-13 推荐服务体系结构

(1) 用户描述文件

用户描述文件用来刻画用户的特征与用户之间的关系。对推荐服务系统来说,最重要的是用户的参与,为了跟踪用户的兴趣与行为,有必要为每个用户建立一个用户描述文件。当然,不同的服务推荐系统的用户描述文件也各有特点,一般从内容上可划分为基于兴趣和基于行为。

(2) 用户信息的收集与更新

用户信息的收集与更新是指用户可以通过采取显式或隐式的方式来收集用户信息,并感知用户修改或者系统自主修改行为,实时更新用户信息。系统自主修改用户信息,必须根据信息源来分析当前用户的行为,调整用户兴趣的权重或层次结构。

(3) 资源描述文件

资源描述文件可以采用基于分类的方法和基于内容的方法表示。基于分类的方法是利用类别表示资源,对文档资源进行分类,可以将文档快速、精准地推荐给对该类文档感兴趣的用户。基于内容的方法是从资源本身抽取信息表示资源,目前使用最广泛的方法是加权关键词矢量。

(4) 个性化推荐

个性化推荐可以采用基于规则的技术、基于内容过滤的技术和协作过滤技术。下面从实现的角度对其进行论述。

　　① 基于规则的技术。

　　对于规则，用户可以自主定制，也可以利用规则来推荐服务信息。基于规则技术的效率会随着规则数量的增多而受到制约，系统将变得越来越臃肿，进而难以管理。规则可以利用用户静态属性或者动态信息来建立。采用规则推荐资源，需要用户描述文件和资源描述文件使用相同的关键词集合。信息推荐的具体实施如下。

　　第一，确定当前用户阅读过的感兴趣的内容。

　　第二，通过规则推荐算法，判断用户还没有阅读过的感兴趣的内容。

　　第三，根据规则的支持度(或重要程度)，对推荐的内容整理排序并推荐给用户。

　　基于规则的系统一般分为关键词层、描述层和用户接口层。基于规则的技术如图 6-14 所示。关键词层为上层提供所需的关键词，并定义关键词间的依赖关系。描述层定义用户描述和资源描述。描述层直接面向用户和资源，其个性化规则具有动态性。用户接口层提供推荐服务，根据下层提供的个性化规则将资源推荐给用户。

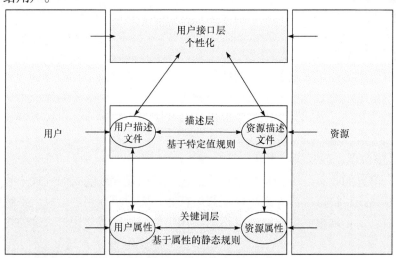

图 6-14　基于规则的技术

　　② 信息过滤技术。

　　信息过滤技术可分为基于内容过滤的技术和协作过滤技术，如图 6-15 所示。基于内容过滤的技术通过与用户描述文件中用户信息的比较推荐资源。其关键点是相似度计算，对于矢量空间模型来说，通常采用的方法是余弦度量。基于内容过滤的系统具有简单、有效的特点，但是很难对资源内容的品质和风格进行区分，而且不能发现新的感兴趣的资源，只能发现和用户已有兴趣相似的资源。

　　协作过滤技术是根据用户的相似性推荐资源，比较的是单纯的用户描述文件。

其关键点是用户聚类。因为它是根据相似用户来推荐资源的，所以在一定程度上可以为用户推荐新的感兴趣的内容。

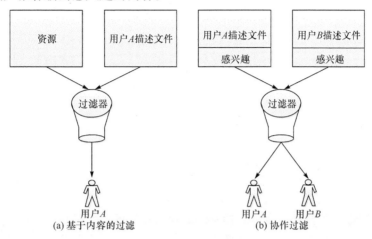

图 6-15　信息过滤技术

基于近邻用户的协作过滤技术应用比较普遍，核心问题是为当前用户寻找 k 个最相似的邻居来预测当前用户的兴趣。但是，该方法有两个棘手的问题，一个是稀疏性，另一个是可扩展性。对于第一个问题，有学者提出基于内容的协作过滤方法、隐式语义索引方法等。对于第二个问题，有学者提出聚类方法、Horting 图、贝叶斯网等，通过预先建立一些反映相关性或相似性的模型，提高系统在预测和推荐时的性能。

2. 信息拉取服务技术

信息拉取服务技术是指用户在网络上有目标地主动查询信息，是数据库查询和检索技术的扩展。信息拉取服务技术的发展可以大致划分为网上冲浪、搜索引擎、显性反馈及整合技术、智能代理等阶段。

(1) I 型拉取技术

I 型拉取技术是网上信息检索最简单的方式，如网上冲浪。对用户而言，他要做的就是点击超文本链接，查找感兴趣的站点，从站点拉取信息。用户在网上冲浪时也许能找到自己最想要的结果，但付出的时间和精力也是最多的。

(2) II 型拉取技术

II 型拉取技术是指用户可以使用搜索引擎进行网上信息的简单查询。其作用原理如图 6-16 所示。

用户向搜索引擎提交查询关键词，搜索引擎利用此关键词搜索互联网得到一个结果列表，并按固定的格式反馈给用户，用户依靠搜索引擎的指引能快速、直接地访问所需的信息。

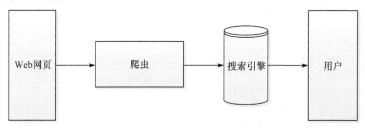

图 6-16　II 型拉取技术作用原理

早期的搜索引擎并不是真正搜索互联网，而是一个预先整理好的网页索引数据库。这个索引数据库大多数时候都是由计算机程序，如 Spider(网络蜘蛛程序)、Bot(网络机器人程序)来完成的。

随着搜索引擎技术的发展，搜索的对象已经不再局限于文本网页信息了。越来越多的搜索引擎允许用户在线搜索图片、影音文件、论文及电子书等。但是，搜索引擎的查询结果也有不尽人意的地方，精确度不高，而且检索结果是千人一面，用户所得结果可能与所需的信息几乎没有什么关系。同时，由于技术的局限，搜索引擎可能无法到达某些网站。

(3) III 型拉取技术

III 型拉取技术以 II 型拉取技术为基础，加入用户选项对检索结果进行过滤，或者通过某个入口和工具对检索结果进行整合，也称为显性反馈及整合技术。其作用原理如图 6-17 所示。

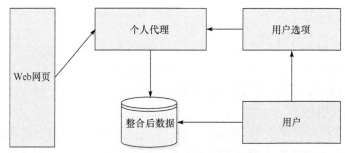

图 6-17　III 型拉取技术作用原理

在搜索过程中，有些网站提供一个搜寻入口，用户只需要输入一次所需查询的关键词，这个网站会到其他的引擎去下指令搜寻，并把搜寻结果进行比较、组合后传回。此外，还有一些离线搜索程序称作个人搜索引擎、搜索整合或元搜索引擎，用户向元搜索引擎输入关键词之后，它即向若干个独立工作的搜索引擎发送搜索请求,并从它们的网页数据库中检索出所需信息,清除重复信息和空链接。有些搜索整合还允许用户保存检索结果并自动更新。用户可以组织检索并保存检索结果,这比多数传统搜索引擎更人性化。元搜索引擎的一切数据都来自其他搜索引擎,因此整合的结果不会比其他任何一家搜索引擎的结果更好。

Ⅲ 型拉取技术通过加入信息过滤和信息整合机制提高了查全率和查准率。在 Ⅲ 型拉取技术中,定制主页是最基本的,虽然加入了代理服务,但是个人搜索引擎不允许用户指定用户选项或搜索深度和模糊度。

(4) Ⅳ 型拉取技术

Ⅳ 型拉取技术是在 Ⅱ 型拉取技术的基础上引入能独立进化的智能代理,用户所需信息的整合与过滤由智能代理来完成。其作用原理如图 6-18 所示。

智能代理无需用户主动参与,可以通过观察用户的动作行为判断用户需求。用户阅读文档的时间可以作为衡量该文档相关度的一个指标,其他的一些用户行为,诸如用户是否保存、删除或是打印某篇文档也可以作为度量文档相关度的一个指标。当用户输入检索词时,智能代理将启动根据该用户以往的检索记录建成用户行为模式来猜测用户此次检索的目的,从而提供精确度很高的检索结果。

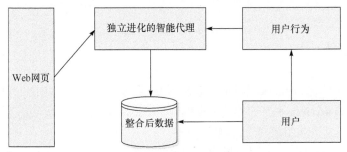

图 6-18　Ⅳ 型拉取技术作用原理

6.4　网络服务架构

6.4.1　移动互联网服务架构

移动互联网是指用户使用手机、笔记本等移动终端通过与移动通信技术结合产生一系列实践活动的总称。移动互联网应用凭借便携性、可鉴权、身份识别等优势,为传统的互联网类业务提供了新的发展空间,并开辟出新的可持续商业发展模式[27]。

移动互联网业务的发展促进了移动网络宽带化的发展,Web 服务是基于网络的、分布式的模块化组件,通过遵守相应的技术规范执行特定的任务。这些规范使 Web 服务能与其他兼容的组件进行互操作。将 Web 服务技术应用于手机终端,可使手机应用程序开发人员方便地封装服务器端提供的各项服务。因此，开发基于网络服务的手机应用系统是未来发展的趋势，并拥有广泛的用户群和市场前景。

目前，模型-视图-控制器(model-view-controller, MVC)架构是基于安卓(Android)操作系统平台的移动互联网开发的趋势和特点，如图 6-19 所示。

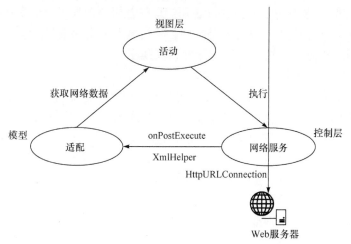

图 6-19　MVC 架构

1. View 层

View 层是指在 Android 中利用 Activity 的实现来构建手机的用户界面，即 View 层。每个 Activity 都是一个有生命周期的对象，是 Android.app.Activity 类的扩展。尽管这些 Activity 一起组成一个内聚的用户界面，但每个 Activity 都与其他 Activity 保持独立。应用项目的一个用户界面跳向另一个界面是通过在一个 Activity 中引用 Start.Activity()或 start Activity For Result()来启动另一个 Activity 实现的。

2. Controller 层

Controller 层是利用 AsyncTask 的 NetSercice 作为应用项目的控制器。Android 允许以异步的方式对用户界面进行操作。它先阻塞工作线程，再在 UI 线程中呈现结果，在此过程中不需要对线程和 Handler 进行人工干预。因此，用户只需向控制层提交不同应用的地址即可，Controller 层将网络访问结果返回给 UI 界面。

3. Model 层

Model 层是一个实现 Base Adapter 封装应用程序的数据结构和事务逻辑，集中体现应用程序的状态。通过 get-View()方法返回数据项的显示视图。通过 Lay-outInflater 加载每个数据项的布局，然后将数据集合中的每个数据项的子数据元素与数据项布局中的每个控件绑定。

　　基于 Activity、AsyncTask 和 Base Adapter 的 Android 平台移动互联网服务架构，可以实现 Http 方式与 Web Service 的数据交换。该架构可以解决基于网络的软件重用和数据共享问题，实现数据的统一管理和安全共享，缩短开发周期，增强整个应用程序的可维护性，具有良好的应用前景。

6.4.2　面向服务的云应用架构

　　面向服务的架构(service oriented architecture, SOA)的理念是由 Gartner 于 1996年作为架构模型第一次提出的，能通过网络分布式部署、组合和使用满足需求的应用组件。这些组件通常是松散耦合和粗粒度的。SOA 架构的基础是服务层，服务层提供的服务能被应用直接调用。这样能有效降低系统与软件代理交互的人为依赖性。SOA 是面向服务的架构模型，也是离散服务的管理模型。SOA 体系架构如图 6-20 所示。SOA 的关键是服务，即服务提供者完成一组工作，为服务使用者交付所需的最终结果。最终结果通常会使使用者的状态发生变化，但也可能使提供者的状态改变或者双方都产生变化。

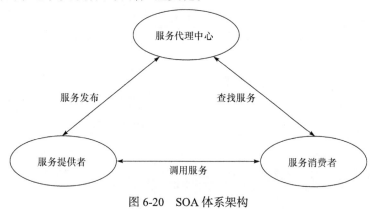

图 6-20　SOA 体系架构

　　服务提供者通过服务描述语言将服务描述为符合既定契约的服务，并将服务发布到服务代理中心，同时还要接收服务者的服务调用信息。

　　服务代理中心接收服务提供者提供的符合规范的服务，并将这些服务描述提供给服务消费者查询。服务代理中心的作用是服务提供者和服务消费者之间的中介，通过约束条件完成动态服务定位。

　　服务消费者可以向服务注册中心发送请求，也可以向服务提供者直接请求，对符合需求的服务进行绑定或调用。服务提供者有时也是服务消费者，可以利用其他服务提供者提供的功能构造复合的高级别服务。

　　事实上，云计算和 SOA 是互为补充的。云计算使服务能够根据需要进行动态扩展，使服务的质量得到较大提升，而 SOA 作为敏捷应用的架构方法，为云计算提供了方便的访问入口和方法。SOA、美国国防部架构框架(the department of defense architecture framework, DoDAF)2.0 和云计算的关系如图 6-21 所示。

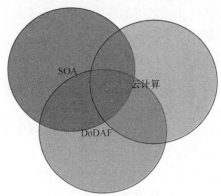

图 6-21　SOA、DoDAF2.0 和云计算的关系

为了更好地指导面向服务的云应用的建设，我们提出如图 6-22 所示的体系结构建模方法。

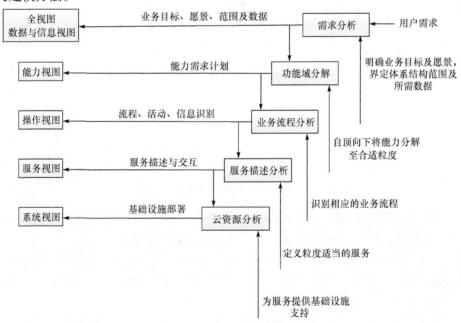

图 6-22　体系结构建模方法

(1) 需求分析

从用户和企业的需求出发，明确业务目标和愿景，确定体系结构的范围及所

需的数据。数据是活动、服务及规则等元素的处理对象，因此定义良好的数据实体、属性及数据之间的关系在体系结构设计中举足轻重。

(2) 功能域分解

对业务采取自顶向下的方法进行分解，通过业务域进行逐层功能分解，获取满足业务功能和构想所需的能力，并识别各能力的分类、边界及依赖关系。这一步得到的主要是能力视图。

能力视图主要是为了实现体系结构能力交付的战略目的，包括 CV-1(能力构想)、CV-2(能力分类)、CV-3(能力阶段划分)、CV-4(能力依赖)、CV-5(能力到组织的映射)、CV-6(能力到操作活动的映射)，以及 CV-7(能力到服务的映射)等模型。

(3) 业务流程分析

在确立能力需求后，下一步的工作是业务流程分析。业务流程由操作活动通过一定的控制逻辑组织起来，因此必须识别每一步操作活动的输入输出信息流及其相关的规则，并确定各组织、角色在流程执行中的作用和地位。

(4) 服务描述分析

这一步的目的是识别服务，并描述服务之间的交互关系，将业务流程自顶向下分解到适当的粒度，可以发现企业需要什么样的服务。

(5) 云资源分析

服务的提供最终需要服务器、存储、网络等基础设施的支持。云为服务提供了一个弹性的、按需使用的环境，对服务在云中的部署和配置可通过系统视角来描述。随着面向服务架构和云计算的逐渐采用，系统视角的一些描述功能可能会被服务视角代替。

6.4.3　数据挖掘服务架构

数据挖掘服务是指数据挖掘涉及的功能和行为的集合，包括数据选择、数据预处理、数据集成、挖掘、分析、结果表示和评价等，通过混合并搭配这些功能，形成新的复合应用。云计算构建了一个实现计算机设备、存储设备、服务器集群、集成开发环境、应用软件等共享的网络环境。在此基础上，通过虚拟化、组件、接口和集成技术，将软硬件封装打包成相应的服务模块，响应基础设施、平台开发和应用三个不同层次上用户的服务请求。基于此，云计算环境下的数据挖掘可以为用户提供一整套数据挖掘开发和应用所必须的能力，为数据挖掘服务提供良好的解决方案。基于云计算的数据挖掘服务架构如图 6-23 所示。

基础设施服务是基于数据中心的服务，以服务形式提供数据挖掘所需的计算资源，并提供远程访问这些资源的能力。数据资源服务提供远程托管数据库服务，并提供需求驱动的数据库、数据仓库技术。流程服务提供数据挖掘业务的流程服务，可跨多个系统将数据挖掘的关键模块与数据信息绑定，形成挖掘流程的元

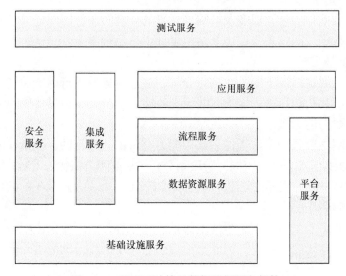

图 6-23   基于云计算的数据挖掘服务架构

应用，创建挖掘流程的远程资源。应用服务，将数据挖掘应用程序作为整体，通过网络平台交付给终端用户。测试服务通过远程托管的测试工具对本地数据挖掘系统或云平台数据挖掘系统进行测试。平台服务提供数据挖掘应用的远程开发服务，包含应用程序开发，接口开发，数据库开发、存储、集成、部署、测试和运行维护等功能，使用户可以创建数据挖掘的企业级应用。集成服务基于应用抽象接口、语义仲裁、流控制、整合设计等技术，提供数据挖掘应用中异质系统和异构数据资源的集成，并以服务的形式交付给用户。

　　基于云计算的数据挖掘服务架构允许用户便捷地使用服务资源，同时开发者按照业务需求可以进行动态的服务组合。此外，从管理角度看，云计算环境下的数据挖掘是一个服务过程；从技术角度看，云计算环境下的数据挖掘是一种软件产品。数据挖掘服务过程如图 6-24 所示。

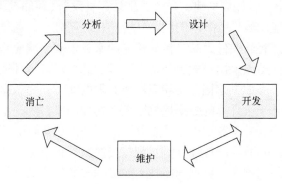

图 6-24   数据挖掘服务过程

① 分析阶段。探索并发现需求，对需求进行分析，定义相应的服务描述。

② 设计阶段。根据服务定义和描述，生成服务说明书，并设计服务的接口和契约，包括服务的语义特性和非功能性特性，以及各方参与者之间的契约等。

③ 开发阶段。主要实现服务的功能性特性，同时也注重非功能性特性。在服务定义的范围内，进行低耦合、高内聚的功能集成，形成独立的服务组件，并通过服务接口进行功能的交互与调用。

④ 维护阶段。服务上线后，在不影响服务目标的前提下修复 bug，或者根据服务的需求更新服务版本。在服务的开发过程中，伴随着维护的同时进行，使服务的生命周期处于优化、成熟循环的发展状态。

⑤ 消亡阶段。当服务的功能无法通过维护满足需求时，则需要考虑撤销该服务。

6.5　网　络　智　能

6.5.1　网络智能基本概念

网络智能是把网络拓扑作为知识表示的新方法，因此它不同于智能网络，也不同于分布式智能。网络智能采用网络化数据挖掘方法，对一个演化的，具有自相似、自组织能力的动态网络进行分析建模，挖掘现实复杂网络拓扑中不确定中的规律性，无序中的有序性，竞争中的协同性；揭示网络智能涌现机理。

6.5.2　网络智能的主要内容

1. 小世界和无标度特性

小世界效应是指若网络中任意两点间的平均距离 L 随网络格点数 N 的增加呈对数增长，即 $L \sim \ln N$，且网络的局部结构仍具有较明显的集团化特征。无标度特性是指网络通过增添新节点而连续扩张，同时新节点择优连接到具有大量连接的节点上。小世界模型如图 6-25 所示。

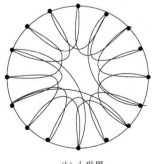

(a) 规则　　　　　　　　　　　　(b) 小世界

图 6-25　小世界模型

　　复杂系统不仅是个体单元的简单叠加，还是个体之间相互作用的群体智能，因此不可能用单元的个体性质预言复杂系统的整体行为。无标度特性模型如图6-26所示。

　　小世界现象和无标度特性是两个重大科学发现，使复杂系统的研究成为交叉学科，乃至整个科学技术的前沿。这两大发现对过去一直沿用的利用规则图和随机图(图6-27)描述复杂网络提出了考验。在规则图中，度分布服从 δ 分布，每个节点的度相同，具有较大的平均距离和较大的集聚系数。在随机图中，度分布服从泊松分布，具有较小的平均距离和较小的聚集系数。这说明在随机图中，尽管节点间的连接是随机不确定的，但绝大部分节点的度却是大致相同的。

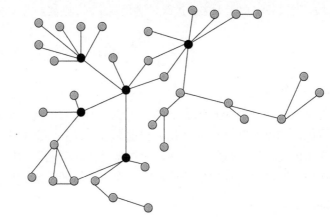

图 6-26　无标度特性模型

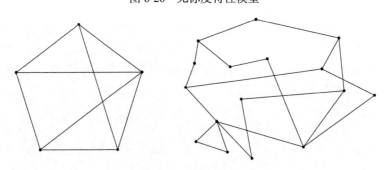

图 6-27　规则图和随机图

　　复杂网络还具有脆弱性和健壮性共存的特性。健壮性表现在具有强大的抗毁性和抗故障能力，但是在目的性很强的精英节点攻击上，表现则比较脆弱。由幂律分布引起的不均匀性是引入该矛盾体的主要原因。

　　研究结果使科学家认识到网络拓扑的决定性，反映节点之间相互作用的拓扑形态，比单纯的节点重要很多。不论是 Internet、神经网，还是生态链，看似不相干，差异化明显，但也有可能具备相同的行为特性，受制于某些基本的法则，而这些结构和规则可能是简单的，甚至同样适用于生物、语言和社会更广泛的领域。目前，通过对网络拓扑的深入研究，人们已经可以用以揭示复杂网络的形成机制、演化过程、临界条件和动力学过程等。

2. 网络拓扑的知识表示

网络拓扑的知识表示是指将网络拓扑作为二维的知识表示形态，形成全局优先的认知理念。拓扑是一种特殊的图形，人类智能的重要表现是人对图形、图像的理解能力和表示方法。

把网络拓扑作为知识表示，首先需要利用计算机模拟现实中复杂的网络拓扑结构。一些模型给出了形成小世界、随机图和无标度网络的数学方法，但现实世界的复杂网络是一个演变的过程，严格意义上的小世界网络和无标度网络基本不存在。各种网络拓扑间也没有严格的界限。将一些典型的网络模型通过叠加、变异等方式合成一个复杂网络，或者把复杂网络进行简化和分解都是有意义、有价值的研究工作，值得人们尝试和突破。

第7章　网络管理与控制

随着互联网的发展,计算机网络越来越受到重视。计算机网络的使用越广泛,人们对其依赖越强。当前计算机网络的发展特点是网络规模随着用户的增多不断扩大,复杂性和异构性不断增加。一个大的网络一般由多个大大小小的子网组成,集成了多种操作系统平台,网络设备和通信设备也来自不同的厂家和企业。此外,网络通过各种各样的软件提供服务。随着用户对网络性能的要求越来越高,如果没有一个好的网络管理系统对网络进行系统地管理,很难保证网络为广大用户提供满意的服务。

网络管理对网络的发展至关重要,已成为现代通信网络最重要的问题之一。它的重要性已在各个方面得到体现,并为越来越多的人所认识。网络管理系统是网络的重要组成部分,因此网络管理技术一直是通信网技术研究的重点和热点[28]。在相当长的一段时间内,对网络管理技术的研究主要集中在网络管理协议,对网络安全体系及安全技术措施的研究还很缺乏。本章在阐述网络管理模式的基础上,首先介绍网络测试的相关内容,然后介绍网络管理体系结构及网络管理模式。针对普遍存在的网络安全问题,进而介绍网络安全管理。随着软件定义网络(software defined network, SDN)的兴起,网络控制架构也随之发生变化,因此还介绍基于 SDN 的控制技术。

7.1　网　络　测　试

近年来,计算机网络技术不断发展,网络的体系结构和标准也在不断发生变化。网络发展的同时,网络安全问题变得更加复杂,网络结构由原来的单一网络演变为复杂的异构网络。伴随着复杂的网络环境问题,产生了一系列网络管理问题。在进行网络管理之前,有必要掌握基本的网络性能指标及测试方法。同时,通过网络测试,网络管理者可以利用网络的运行数据,动态调整和组合现有网络资源,消除网络瓶颈,提高网络性能。与此同时,通过对网络的长期监测,分析网络业务的发展趋势,可以为合理规划网络提供科学、量化的评估依据。

7.1.1　性能指标体系

国际互联网工程任务组的 IP 性能指标工作组(IP Performance Metrics Working

Group, IPPMWG)提出网络性能指标的原则与总体框架，并定义 IP 网络数据传输服务的质量、性能和可靠性，如连通性、丢包率、时延等指标。另一些指标也在标准化的过程中，但具体的实现方法和应用不在 IPPMWG 的定义范围内。

国际电信联盟电信标准化部门(International Telecommunication Union Telecommunication Standardization Sector, ITU-T)的第 13 研究组(study group13, SG13)提出 Y.1540(原 I.380)建议，定义了衡量 IP 分组传输性能的参数，即可靠性、可用性、速度、精确性。另外，提出 Y.1541(原 I.381)建议，规定了 IP 通信业务——IP 性能和可用性指标与分配，在支持 QoS 的下一代网络结构框架的研究中，可以将 IP 业务信息按 QoS 分为六类，主要根据传输时延、时延变化、丢包率、错误率四个方面综合划分 QoS 类别；各级与延迟敏感性、丢包率之间有按照等级的映射；话音最大400ms，抖动 50ms，丢失率 10^{-3}。

在改善网络测试方面，一些公司提出相应的网络测试架构。"桥梁"是研究网络测试架构的项目，由美国国家科学基金会和美国国防部高级研究计划署赞助。该项目提出一个分布式可扩展的动态网络测试基础上的测试基础设施。基于 IPPMWG 标准的网络测试基础架构是由 Advanced Network & Services 公司联合其他组织提出的，该标准能够衡量互联网参与组织之间的路径性能。该项目还提出分析性能数据的方法和工具。此外，如 Ripe's、AMP、PinER 等都是与网络测试相关的项目。

在网络测试中，包含相应的测试指标。指标体系是所有指标的有机组合，可以从三个方面来描述。

(1) 性能指标

性能指标与网络性能和可靠性相关，有如下常用的性能指标。

① 丢包(loss)。在一定时间内，网络传输和处理中丢失或错误的数据包的数量。

② 丢包率(loss rate)。测试网络在短时间，高转发率条件下，转发帧过程的丢帧百分比。

③ 吞吐量(throughput)。反映网络在长时间使用且不丢包的情况下，所能达到的最大转发速度。

④ 连通性(connectivity)。网络性能的基本指标，反映数据能否在各网络组件之间互相传达的属性。

⑤ 带宽(bandwidth)。单位时间内物理通路理论上所能传送的最大比特数。

⑥ 时延(delay)。数据离开源点的时间与到达目的点的时间间隔，从网络设备来说，反映的是网络设备处理帧的快慢。

⑦ 时延抖动(delay variation)。数据分组流中不同数据分组时延的变化。

网络性能指标可以从不同层面进行考察。不同的侧重点、语法和语义的表达不同，特别是在应用层中不同应用的业务可用性和服务质量指标差异很大。从目前的情况来看，人们通常将物理层、链路层、网络层、传输层和应用层分开研究。最上面的应用层又按不同应用分开研究。

前面介绍的 IPPMWG 就是把 IP 网看成一个黑色的盒子，研究终端之间网络层的性能指标，测试点搭建在网络的终端上。性能指标层次模型如图 7-1 所示。目前已经标准化的连通性、丢包、时延等指标是从网络层测试的性能指标。ITU-T SG13 主要测试的也是网络终端之间的传输性能。网络测试开发项目基本上都是基于网络层性能测试指标的开发与研究。事实上，不同的企业和群体关注的性能指标不同。网络接入服务商及其用户关心的是网络层的性能指标，网络设备制造商关心的是物理层和链路层的性能指标，网络业务运营商及其用户关心的主要是传输层和应用层的性能指标。

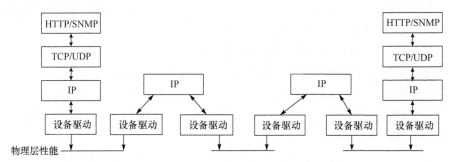

图 7-1　性能指标层次模型

(2) 性能指标层次模型

由 OSI 可知，IP 网络从逻辑上来讲，由下到上可以分为物理层、链路层、网络层、传输层和应用层。从不同层看 IP 网络的性能，性能指标内容的重点、表述方式和意义都有所区别。

① 物理层。研究物理传输设备比特传输的指标，如线路的连通性、传输时延、物理带宽、接口的比特吞吐量等。

② 数据链路层。测试在链路层基于帧的指标，如交换机帧吞吐量、帧传输时延、帧丢失率等。

③ 网络层。测试端到端的 IP 数据包的传输性能，如数据包的吞吐量、终端连通稳定性、传输时延、时延抖动、丢包率等。

④ 传输层。终端之间 TCP 或 UDP 的传输性能。若为 TCP 连接，测试 TCP 包的丢包率、传输带宽等；若为 UDP 连接，测试 UDP 包的传输时延、丢包率等。

⑤ 应用层。该层为用户提供业务的可用性和业务的服务质量，如邮件协议、邮件传输成功率等。

(3) 指标测试点

类似于普通的网站测试和应用测试，网络性能测试的另一个概念是测试点。测试点是在对网络性能进行测试时，所需检测的测试边界。在网站测试和应用测试中，测试点由测试用例表示，是一个广度上的概念。在网络测试中，根据测试点设置的不同，可以测试 IP 网络不同范围的性能指标，如网络节点指标、链路指标、路径指标和性能指标。

7.1.2 网络测试方法

1. 主动测试和被动测试

主动测试的方法是向被测对象注入流量，根据获取的注入流量测试数据对网络性能进行评估。该测试方法的优点是具有针对性，测试效率较高；缺点是由于需要注入网络流量，增加了网络负荷，因此在测试系统中，注入的流量值必须精准。注入过大的流量会干扰网络的运行，甚至带来拒绝服务的安全问题。主动测试是对网络设备的性能进行测试，一般在网络建设、验收，以及试运行阶段进行，正在运行的和被用户使用的网络不采用主动测试方法。被动测试与主动测试方法不同，测试工具不对网络本身注入流量，主要采用检测网络监控点的网络性能进行评估。该方法类似于软件测试中白盒测试的静态测试方法，而主动测试类似于网络测试中性能测试的压力测试方法。被动测试的好处是不会增加网络流量，不会对网络的传输性能构成影响，且不改变网络的拓扑结构，因此在测试过程中，不会对网络的性能造成影响，可以避免网络风暴、服务拒绝等网络问题；缺点是被动测试方式不够灵活，且测试范围较小，每次只能检测某个网段，测试效率低。此外，被动测试还有一定的安全问题，因为被动测试是通过抓包来分析评估，对于包中没有经过加密的信息，很容易造成内容泄露。即便如此，对于运营中的网络，运营商更乐于采用被动测试的方法，因为被动测试不会影响网络的性能和用户体验。

2. 单向测试和环回测试

单向测试是指测试从发送端进入网络，从目的端或输出端输出网络，发送端和输出端各一个网络测试点，根据两个测试点的测试数据对网络性能进行分析。

环回测试是指在源端或发送端设置测试点，在源端进行输入，到达目的端后返回源端的方法。

与单向测试相比，环回测试具有如下优点。

① 测试方式简单。环回测试不需要在目的端设立测试点，因此目的端的选择比较灵活，如 Ping。

② 对性能的评价较容易。一般情况下,网络的环回性能是用户感兴趣的指标,因为用户往往要求网络状态是双向连通的,从源端到目的端和从目的端到源端的状态差异不大,所以该测试方法对网络性能评估的结果更具参考价值。相对环回测试而言,单向测试的意义在于当两端的路径不对称时,即当两端网络性能差异较大,设备参数不同、路径不同时,采用单向测试方法对网络性能评估更具有针对性。

此外,即使两端网络的性能对称,但是两端用户的使用方式不同,如分布式架构的网络,也可能导致不同的网络状态。此时,整个网络的性能可能大部分依赖一个方向上的性能,如分布式网络中服务端的性能。

在单向测试中,时间同步问题至关重要。目前 Internet 广泛使用的是网络时间协议(Network Time Protocol, NTP)。该协议的目的在较长的时间范围内提供准确的计时,而在网络测试中,短时的精确计时对网络性能测试更为重要。对此,IPPMWG 提出偏移、脉冲相位差、漂移、分辨率等概念,从精确性考虑,往往采用主机外的时间,如外接全球定位系统能提供微秒级的精度。

7.2　网络管理体系结构

近年来,随着网络的不断发展,网络的复杂性和规模也在不断增加,异构性增强,随之而来的问题是网络管理变得更加复杂。本节主要介绍网络管理的三种结构。

7.2.1　集中式结构

集中式是网络管理模式中应用最广泛的一种。它在计算机系统上建立一个管理平台,管理者和代理之间通过管理员交流。管理员从整体出发,确保对整个系统的支持和控制,并负责对管理数据库进行维护。在集中式管理结构中,管理者对网络的管理有两个级别。第一级通过管理平台对管理数据进行操作,如收集数据信息、监控、流量计算等服务,可以通过接口与第二级的应用程序进行通信,传送处理报告。第二级主要使用应用程序实现一些策略支持,以及简单计算等管理功能。

集中式的优点是使开发者对不同主机、管理协议、厂商的产品的开发变得简单,不必处理每个应用程序,只需要考虑平台的异构性就可以了;易操作,对管理人员的要求不高,方便管理人员在一个位置就能查询并监测整个网络的事件,包括异常情况、报警情况等。但是,在一个位置对网络情况的查询会加重网络的负荷，一旦这个位置的网络中断，就会使整个网络管理系统处于瘫痪。虽然选择在其他的地方备份这些信息可以解决这个问题，但是随之而来的问题是，当被管理网络的规模不断扩大或者结构更加复杂时，不能提供有效的扩充。

7.2.2　分层式结构

不同于集中式，分层式有多个管理者，不同的管理者不需要相互交流，在自己的管理域进行管理即可。有一个总的管理者，即中央管理者对所有这些管理者进行管理。这种结构的域管理者可以访问和管理整个数据库，但是自身没有数据库。分层式结构如图 7-2 所示。分层式将管理的任务派给分散的管理者，可以减少网络带宽的浪费，可扩展性明显优于集中式，可以自由地增减总管理者和域管理者，实现多层次的管理结构，但缺点是数据的采集变得困难。

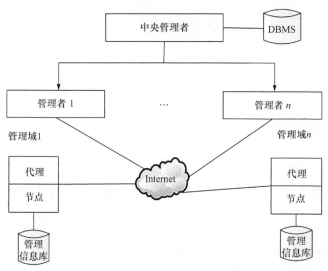

图 7-2　分层式结构图

7.2.3　分布式结构

分布式结构结合了集中式和分层式两种平台的特点，有很多管理平台。每个平台的地位是相等的，都有自己的管理系统、管理者，以及存储网络设备信息的数据库，允许其执行多种任务。分布式结构如图 7-3 所示。分布式结构的优势在于结合了集中式和分层式的优点，能够在任何地点获取网络的所有报警参数、异常事件、网络应用情况等。它从整体上监测网络的运行状况，但是在如何划分管理域、如何协调管理域，以及如何优化网络方面存在缺陷。

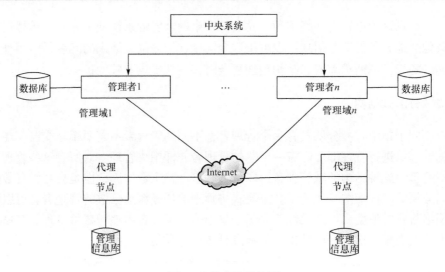

图 7-3　分布式结构图

7.3　网络安全管理

7.3.1　安全问题产生原因

1. 网络体系原因

计算机网络作为一个开放的系统网络，主要通过物理网络设备、传输介质、个人 PC 和相关的技术协议组成。由于网络采用各种线路连通，没有相应的地域限制，并且采用各种协议和通信机制连接起来，因此网络本身就存在一定的脆弱性。一旦局域网中的协议和通信机制出现问题，容易使整个网络崩溃，导致安全问题发生。

2. 操作系统原因

操作系统是计算机网络的支持软件，其功能主要是为系统中的其他应用软件提供运行环境，同时操作系统具有许多管理功能，包括软硬件资源管理功能、进程管理功能、磁盘管理功能、内存分配管理功能等。操作系统在系统设计和实现过程中难免存在各种漏洞与缺陷，尤其是操作系统网络方面的缺陷会给网络安全问题带来隐患。

① 代码架构缺陷。操作系统中各种管理代码模块的程序都在一定程度上存在缺陷。

② 进程管理。操作系统在进程管理方面存在本地和远程的激活、启动、停止、继续等操作机制,而这些机制为非法软件在远端对计算机实施操作也提供了条件,会对计算机用户的合法权益造成侵害。

③ 守护进程。一些系统进程在用户没有进行操作的情况下会等待某些事件的出现,例如病毒防护进程,一旦出现病毒就会激发进程对病毒进行捕捉。如果操作系统的守护进程被不法分子利用,必然会导致合法用户的网络安全受到威胁。

④ 网络文件传输。系统安装的软件或者可执行程序通常也具有不安全的因素。如果网络存在间谍程序,就有可能在操作系统上运行,引发严重的安全隐患。

⑤ 远程调用。各种服务器或者计算机通常提供远程调用机制为远程用户提供访问与控制机制。远程调用过程如果被黑客劫持或者破坏,必然会影响当前网络的安全。

⑥ 后门程序。主要是利用当前计算机操作系统的已知漏洞或者 0day 漏洞,通过代码绕过计算机或者服务器的安全监测环境,提前获取相应计算机的控制权限。后门程序通常在电脑中长期潜伏,随时等待入侵者的攻击或利用,因此造成商业信息或数据的丢失、泄露等严重后果。

⑦ 系统漏洞。系统也是通过程序员设计开发、编码实现,并进行测试与维护的,因此任何一个环节都可能存在漏洞,对网络安全造成直接或者间接地危险。

3. 防火墙原因

防火墙往往可以阻挡来自外网的攻击,对于后门程序、木马、病毒、蠕虫等程序的拦截与过滤也可以按照既定策略进行相应的数据处理。防火墙只能对外网的攻击或者数据过滤进行检测,但不能对局域网内部的数据行为进行审查,这是其局限之处。防火墙对于来自外部的攻击行为主要根据具体的过滤规则检查。当前网络发展速度极快,编程过程中出现纰漏的行为也较多,因此漏洞出现的渠道也越来越多。防火墙过于依赖系统管理员对漏洞管理安全策略的更新与部署,如果不能及时调整相应策略将严重影响防火墙的执行效果。

此外,防火墙对于跨多个数据包的病毒不能进行有效检测,这是因为通常情况下防火墙不具备拼包检查的功能,因此防火墙难以发现此类病毒。

4. 数据库原因

数据库往往存在漏洞,因此常常会对网络安全造成较大的影响,如 SQL 注入、滥用合法权限、滥用过高权限、权限的非法提升、身份验证不足、DDoS 拒绝服务攻击、数据库平台漏洞、数据库平台版本老旧、审计记录不足、备份数据丢失、备份数据暴露、数据库通信协议漏洞等。此外,数据库的访问者也经常造成以下几种使用安全问题。

① 非法用户访问数据库。

② 未授权访问，非法用户随意对数据库进行修改或者删除。

③ 错误数据的输入，导致数据库生成错误信息。

5. 网络入侵原因

木马、病毒、蠕虫等网络病毒通常会引发程序访问异常或操作系统瘫痪。有些病毒具有自复制功能，可以引发网络上的广泛传播，带来更大的风险和社会问题。此外，另一种常用的入侵手段是激活已经植入用户计算机的后门程序，通过权限提取、冒充手段、数据拦截、DDoS 攻击、技术漏洞等破坏不同主机之间的正常通信，从而欺骗主机与合法用户，获取非法利益。黑客攻击网络用户的流程如图 7-4 所示。

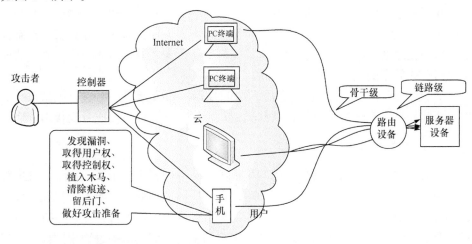

图 7-4　黑客攻击网络用户的流程示意图

6. 其他原因

网络安全的威胁除了以上几点，还会受到自然灾害的破坏，如建筑物破坏、地震、水灾、泥石流、雷击、火灾等，甚至盗贼、负载不均、停电等也会对网络安全造成危害。管理员对这些因素在网络安全管理中也应该预防，通过管理措施与规章制度，提高管理水平，减少失误。

7.3.2　网络安全技术措施

网络安全技术措施根据层次的不同，可以划分为预防措施、安全措施和补救措施。

1. 预防措施

最好的安全措施是防患于未然。在网络规划设计时就将网络的安全预防措施一并考虑，在一定条件下最大限度地防止网络系统出现安全问题。

当然，安全问题的预防措施必定增加网络资源的开销，有必要就网络安全防范的严密程度与资源的消耗量进行权衡，不能因此使系统无法运行或运行效率大幅降低，另一方面，网络系统的安全问题很多是人为的，因此必须采用技术措施和非技术措施共同完善系统安全，构建合理的安全防范系统。

(1) 运行预防措施

这种预防措施通常是一种自动执行的检测、识别和阻断网络运行过程中安全侵害事件的系统。

① 防火墙。

防火墙是一种应用广泛的网络安全系统，也被称为数据包过滤器，常用来阻止外来安全事件(如非法更改系统行为、非法的数据访问等)对网络中的各种子系统的破坏行为等。防火墙通常作为网络安全防护带的第一道防线，可以分为包过滤、应用层网关(或代理服务器)和链路层网关。

防火墙是一种防止网络或与网络连接的计算机系统遭受安全事件侵害的普遍使用的工具，但防火墙不是网络安全防范的最终方案，也不能代表整个网络的安全措施。防火墙不可能阻止所有类型的攻击，必须和其他工具结合起来使用(如防病毒软件)，才能取得良好的安全预防效果。

② 入侵检测系统。

入侵检测系统(intrusion detection system, IDS)有两种类型。

第一种类型通常安装在服务器上，称为基于主机的入侵检测系统(host-based IDS)。它不断地检测重要的操作系统文件、计算机处理器的行为和存储器，以事件日志的形式记录可疑行为。此外，基于主机的入侵检测系统还能通过电子邮件、手机等方式向管理员报警。

第二种类型是基于网络的入侵检测系统(network-based IDS)，能监视整个网络的通信。基于网络的入侵检测系统通常设置在防火墙的后面。该系统着眼于传输的数据类型和网络行为，并判断是否有攻击发生。此外，基于网络的入侵检测系统还能和其他的网络设备结合一起工作。

③ 安全备份和恢复系统。

目前，网络攻击主要是针对网络的运行状态和系统的数据信息，导致发生数据和文件被删除、修改和盗用等行为。因此，我们只能在网络系统中建立有效的安全备份恢复系统，作为文件和数据被删除、修改等侵害后进行恢复的手段。

(2) 操作访问预防措施

这种预防措施主要是采用一定的资源访问授权来达到阻止未授权者对网络资源的访问带来的安全侵害行为,保护网络的资源不被盗用、信息不被未授权访问、系统运行不受干扰等。这类措施也是一种普遍使用的网络安全防范措施,通常采用的方法有用户登录管理、电子身份认证、安全终端等。

此外,经常改变系统和被授权者的安全信息和规则以增加安全侵害行为成本,也可以提高系统的安全性。

2. 安全检测

没有绝对安全的预防措施,因此我们必须采取安全检测措施应对发生的安全侵害事件和行为。

安全侵害事件和行为的目的在于破坏系统运行,访问、篡改未被授权的信息文件、盗用网络资源等,因此一旦发生安全事件,必须要从多个方面对系统进行检测,评估系统受损程度和范围,采取相应的补救措施。

① 检测运行系统,确认安全侵害事件和行为状态,如果事件和行为正处于活动状态,必须给出相应的报告,为下一步的行动提供支持。

② 检查文件系统,如果系统遭到侵害,一些系统文件或信息很可能被修改,因此不单是在安全事件发生后检查文件系统,而应该定期对文件系统进行检查,清除隐藏于文件系统中的安全隐患。

③ 检查系统资源及配置,确保它们处于安全状态。

3. 补救措施

一旦发生安全事件,首先应采取一切办法终止正处于活动状态的安全事件和行为,甚至是关闭整个网络系统。

利用系统安全备份恢复各种受害文件和数据,尽可能恢复到事件发生前的水平和状态;改变原有的安全信息、规则、授权访问状态等,以阻断持续的侵害行为。

在追查安全隐患和确认网络资源处于可控状态之后,试运行采取补救措施后的系统,并置于安全监测系统状态下,直到系统完全恢复。

7.3.3　基础设施安全

1. 物理安全

计算机系统的物理安全是计算机系统安全的重要条件。物理安全主要指系统的硬件设备或设施等免受自然因素或人为因素的破坏。其主要内容包括环境安全、设备安全和媒体安全。环境安全主要指免受外界自然条件对硬件设备的伤害。设备安全主要指防止设备被盗、被恶意破坏、损毁、防电气辐射等。媒体安全主要指媒体数据的安全和媒体设备本身的安全。

除此之外,还要确保信息系统的安全性,这是那些对信息安全要求高的部门,如军队、银行机构等在兴建整个信息系统时要首先考虑的。在构建信息系统时,防范措施主要从以下几个方面考虑。

① 对建设的主机房和信息系统采用屏蔽策略,将主机房建设成一个具有屏蔽性能的空间。在该空间安装系统运行的核心设备,防止磁信息外泄。为提高屏蔽空间的屏蔽性能,在系统与外界联系的过程中,设备和连接线应采取相应的屏蔽措施。

② 由于本地网、局域网传输线路也存在传输辐射,因此需对这些线路进行传输辐射抑制。

③ 终端电流作用大的设备由于辐射外泄较大,因此应对其进行辐射防范。目前主要采取主动式干扰设备进行防范,如干扰机。

2. 网络安全

(1) 内外网隔离及访问控制系统

在内部局域网和外网之间设置防火墙,对传输信息进行检测,过滤有安全威胁的信息,保证网内信息的安全。

① 分组过滤。在网络层和传输层,网络安全机制采用分组过滤的方式。在数据分组中,包头含有源地址、目的地址和端口号等信息,通过这些信息,可以判断是否允许数据包通过。

② 应用代理。应用代理是作用在应用层的应用网关。其原理是在应用层对每个应用服务编制专门的代理程序,通过此方法监控应用层的 TCP 包或 UDP 包。应用代理的实现方法一般在专用工作站采用。

(2) 不同网络安全域的隔离及访问控制

防火墙一般用来隔离两个不同的网段,在数据从一个网络到达另一个网络的过程中,防火墙通过分析数据包的信息,判断该数据包是否允许传输。通过该方法可以防止某个网络的问题影响整个网络的性能。

3. 信息安全

(1) 信息传输安全(动态安全)

① 数据传输加密技术。数据传输加密技术的实现思路是数据在传输之前,通过加密钥匙和加密函数对源数据进行转换,使源数据变成不能被黑客识别的数据类型,再在接收端进行解密,将数据还原成源数据[29]。目前,加密技术可以实现

数据链路层加密、端到端加密和网络层以上的节点加密。

② 数据完整性鉴别技术。在数据传输过程中，常使用收错重传机制、丢弃乱序包的方法来鉴别数据完整性，但是如 ARP 攻击等手段可以更改数据包内部的内容，因此需要采用更加有效的方式对数据包的完整性进行鉴别。

③ 防抵赖技术。防抵赖技术主要对使用数字签名、第三方权标、时戳、在线第三方等方式,在源端与目的端建立识别身份的标志,接收方鉴别发送方的身份,发送方不能抵赖其发送的数据。通过该方法,可以有效跟踪源端是否安全,若不安全,则不再接受源端发送来的数据。

(2) 信息存储安全(静态安全)

计算机信息主要有多媒体信息和功能文件信息两大类。在数据保护措施中,多媒体信息主要使用数据库进行保护。功能文件信息的保护一般在终端安全进行。

① 数据库安全。

数据库安全的主要任务是确保终端的数据不被窃取、攻击和篡改。数据库安全一般从以下几个方面考虑。

第一，数据的完整性。当系统的硬件设备、软件设备遭到破坏时，数据库的数据结构和内容依然不被破坏。

第二，逻辑的完整性。在修改数据库的过程中，某一字段或内容的更改不影响其他字段。

第三，元素的完整性。数据库中的数据的各个元素是正确的。

第四，数据的加密、鉴别等。主要是防止网络层面对数据产生的破坏。

第五，数据的可获得性和可审计性。可获得性指用户能否访问数据库。可审计性是指能否对数据库中的数据进行审查。

② 终端安全。

终端安全指在终端采取一定的技术措施，确保终端的数据信息和终端系统安全。终端安全的功能包括基于口令或密码算法的身份验证，防止非法使用机器；自主和强制存取控制，防止非法访问文件；多级权限管理，防止越权操作；存储设备安全管理，防止非法拷贝和硬盘启动；数据和程序代码加密存储，防止病毒入侵；严格审核跟踪，方便追查事故责任。

(3) 信息内容审计系统

信息内容审计系统是指通过对进出网络的数据内容进行审查，追查和防止可能的泄密行为。目前，审计的主要方式基于用户鉴别。一般有以下几种方法。

① 口令机制。口令是指相互约定的代码，正常情况下只有用户和系统知道。

② 智能卡或令牌卡。在访问过程中，不但需要口令，而且需要物理智能卡或令牌卡。

③ 主体特征鉴别。该方法主要是通过主体的特征进行鉴别，安全性较高，如指纹识别技术、手型识别技术、声音识别技术等。

7.4　网络控制技术

7.4.1　网络控制技术概述

传统的互联网架构非常复杂，由交换机、路由器、终端设备和其他复杂设备组成。这些网络设备都是由不同的厂商生产，有各自特定的接口，运行着各种各样的分布式协议。在这种环境中，对于网络的管理、开发和创新都是十分困难的。对于研究人员，不容易验证新技术；对于网络运营商，很难根据需求定制和优化网络；对于设备供应商，不能及时作出创新，以满足用户的需求；对于用户，需求得不到及时的满足。

7.4.2　开源 SDN 控制器

在 SDN 中，控制器是整个 SDN 的核心，连接下层交换设备和上层应用。控制器在运行过程中，对底层转发设备进行控制和监督。控制器的南向接口对底层链路进行链路发现、拓扑结构管理及流表下发。控制器的北向接口向上层提供服务，使其上层能够对下层实现网络自动、灵活的管控。控制器的基本架构如图 7-5 所示。在图中，核心功能层的主要作用是完成事件机制和组件管理等相关行为，网络功能层实现交换机主机信息、网络拓扑和虚拟网络的管理，同时制定路由转发策略。此外，该控制器还需要提供一个完整的编程接口，为上层服务，通过上层应用程序的网络管理服务，完成对整个网络的管理。

目前，针对不同的网络环境，学术界和工业界设计推出了不同的 SDN 架构。下面介绍几种广泛使用的开源 SDN 控制器。

1. NOX/POX

NOX 是斯坦福大学在 2008 年设计的第一个开源 SDN 控制器，具有里程碑的意义。NOX 是一款基于 Open Flow 协议的控制器，在早期版本中，采用 C++ 开发底层模块，C++ 和 Python 开发控制器上层应用。NOX 是 SDN 研究早期项目的基础，在一定意义上推动了 SDN 技术的发展。2011 年，在 NOX 控制器的基础上，斯坦福大学的研究人员推出基于 Python 开发的 POX 控制器。

POX 开发的事件处理机制和编程模式与 NOX 一致，同时增加了对多线程的支持。Python 语言是解释型语言，语法简单、通俗易懂、扩展性好，因此 POX 控制器被更多研究者接受并使用。POX 采用发布/订阅的编程设计模式，提供了一系列接口与组件，如表 7-1 所示。

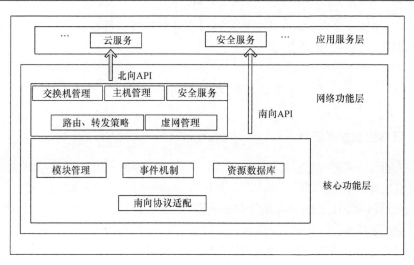

图 7-5　控制器基本架构

表 7-1　POX 组件

组件类型及说明	组件名	功能
核心组件	pox.core.py	完成组件的注册、组件之间相关性和事件的管理
	pox.lib.addresses.py	完成对地址（IP、MAC 地址等）的操作
	pox.lib.revent.py	定义事件处理相关的操作，包括创建事件、触发事件、事件处理等操作
	pox.lib.packet.py	完成对报文的封装、解析、处理等操作
OF 协议组件	openflow.openflow.of_01.py	与 Open Flow 交换机进行通信
应用类组件	forwarding.hub.py	集线器的实现
	forwarding.l2_learning.py	二层学习交换机的实现
	forwarding.l3_learning.py	三层的交换机路由策略的实现
	forwarding.l2_multi.py	依据整个网络拓扑选择最短路径完成二层包的转发
	openflow.spanning_tree.py	创建生成树
应用类组件	web.webcore.py	POX 的 Web 服务组件
	openflow.discovery.py	使用链路层发现协议报文发现网络的拓扑
	proto.dhcpd.py	实现简单 DHCP Server 功能
	proto.dhcp_client.py	DHCP 客户端组件
	proto.arp_responder.py	完成查询、修改、增加 ARP 表的功能
	proto.dns_spy.py	监听 DNS
	Log	POX 日志模块

2. Floodlight

Floodlight 的开发语言是 Java，属于开源 SDN 控制器，由 Big Switch Networks 公司开发。Floodlight 在 Apache2.0 开源标准软件许可下免费使用。Floodlight 支持的南向协议有 Open Flow1.0 协议。Floodlight 具备较好的移植性，可以在不同的平台上使用，支持多种接口类型。

Floodlight 的功能和应用采用的架构为模块化操作，可以直接在网络中部署，包括数据转发、拓扑发现、主机信息等。Floodlight 的管理界面为 Web UI，用户可以直接在查看交换机信息、主机信息和实时网络拓扑信息等。控制器和上层应用的交互可以通过 REST API 或是 Java 接口实现。Floodlight 架构如图 7-6 所示。

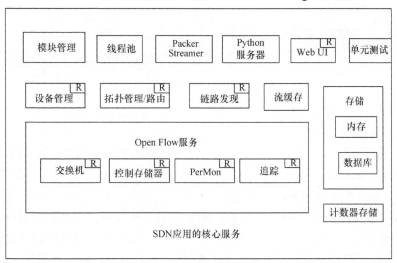

图 7-6　Floodlight 架构

3. Ryu

Ryu 的开发语言为 Python，由日本 NTT 公司开发，借助 Ryu 提供的 API，网络运营者可以高效便捷地开发 SDN 管理和控制等应用。Ryu 对很多网络管理设备的协议提供了支持，如 Open Flow 协议、Netconf 协议、OF-CONFIG 协议等多种南向协议。Ryu 架构如图 7-7 所示。

4. Open Contrial

Open Contrail 的开发语言为 C++，由 Juniper 公司推出，其组件主要用在网络虚拟化中。Open Contrail 提供的扩展 API 可以用来配置、收集、分析网络系统中的数据。Open Contrail 主要应用于以下两个网络场景。

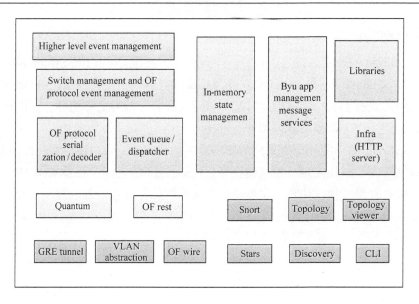

图 7-7　Ryu 架构

① 云计算网络。主要有企业、运营商的私有云，以及云服务提供商的基础设施即服务和虚拟专用云。

② 运营商网络。网络功能虚拟化可以为运营商边界网络提供增值服务。

Open Contrail 的架构如图 7-8 所示。组成部分主要有控制器和虚拟路由器。Open Contrail 系统的控制器主要包括配置节点、控制节点、分析节点等组件。控制器使用北向接口协调系统与上层业务通信；使用可扩展通信和表示协议(Extensible Messaging and Presence Protocol, XMPP)与虚拟路由器通信，使用 BGP、Netconf 等协议与网关路由器和物理交换机通信；使用 BGP 和其他控制节点通信。

虚拟路由器是一个转发平台，运行在虚拟服务器的 hypervisor，通过软件方式部署在网络环境中，负责虚拟机之间的数据包转发，从而将数据中心网络中的物理路由器和交换机扩展成一个虚拟的(覆盖)网络。

5. Open Daylight

Open Daylight 由 Linux 协会联合业内 18 家企业在 2013 年提出，旨在推出一个开源的、通用的 SDN 平台。作为 SDN 架构的核心组件，Open Daylight 的目标是降低网络运营的复杂度，扩展现有网络架构中硬件的生命期，同时还能支持 SDN 新业务和新能力的创新。Open Daylight 提供开放的北向 API，支持包括 Open Flow 在内的多种南向接口协议，底层支持传统交换机和 Open Flow 交换机。Open Daylight 拥有一套模块化、可插拔且极为灵活的控制器，能够部署在任何支持 Java 的平台上。Open Daylight 的架构如图 7-9 所示。

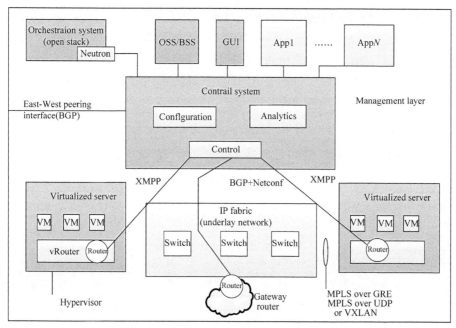

图 7-8　Open Contrail 架构

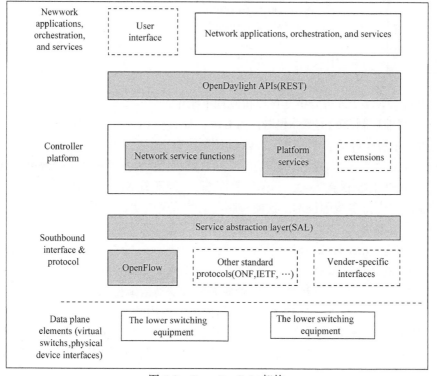

图 7-9　Open Daylight 架构

　　Open Daylight 架构中通过插件的方式支持包括 Open Flow1.0、Open Flow1.3、BGP、SNMP、PCEP、NET-CONF、OVSDB 等多种南向协议。服务抽象层一方面支持多种北向协议，并为模块和应用提供一致性服务；另一方面将来自上层的调用转换为适合底层网络设备的协议格式。在服务抽象层上，Open Daylight 提供网络服务的基本功能和拓展功能。

7.4.3　控制器的比较

　　前面介绍了当前主流 SDN 控制器。其对比情况如表 7-2 所示。

表 7-2　开源控制器对比

控制器	开发语言	支持的南向协议	多线程支持	Openstack 支持	多平台支持
NOX	C++	Open Flow1.0	否	否	Linux
POX	C++	Open Flow1.0	是	否	Linux
Floodlight	Python	Open Flow1.0	是	是	Linux/Win
Ryu	Java	Of1.0、Of1.2、Of1.3、Of1.4、NETCONFs Flow OF-conf OVSDB	是	是	Linux
Open Daylight	Python	Of1.0、Of1.3、OVSDB NETCONF SNMP、LISP、BGP、PCEP	是	是	Linux/Win
Open Contrai	Java	BGP、XMPP	是	是	Linux

　　通过对表 7-2 进行分析，可以得到如下结论。

　　① 目前控制器的主要编程语言为 C++、Java 和 Python。基于 C++的控制器在处理性能上有较好的表现；基于 Java 的控制器有丰富的 API，易于扩展业务应用；基于 Python 的控制器在网络编程方面有较好的灵活性，易于开发，但效率较低。

　　② 最初的控制器 NOX 并不支持多线程，但随着 SDN 技术的不断发展，主流控制器均支持多线程技术。这使控制器的响应速度更快，可对上层的不同业务进行优先级设置。

　　③ 支持 Openstack 云管理平台已逐渐成为控制器的主流设计趋势。SDN 与 Openstack 的结合可以更好地对资源进行集中分配调度，并对计算、存储和网络做进一步整合，以实现自动部署、实时资源调度和快速故障排除。早期的 NOX、POX 控制器对 Openstack 是不支持的，但之后的控制器均已支持 Openstack 平台。

　　④ 控制器逐渐可支持多种南向接口协议。控制器通过对多种南向接口协议的支持可以更好地与底层交换设备进行信息交互，使云数据中心内部的组网更加灵活。

第8章 网络的专业化发展及应用

8.1 传感器网络

8.1.1 传感器网络体系结构

传感器网络系统有三个组成要素，即传感器节点、汇聚节点和管理节点。这些传感器节点遵循分层网络协议，相互协调实现自组织网络，并把信息通过各个节点按照一定的规则传输到接收端。传输规则具体为传感器节点根据一定的路由规则，将检测到的信息通过各跳传感器节点传输到汇聚节点[30]。由于传感器节点具有信息处理功能，因此这期间的信息在到达相应传感器节点时可以进行相应处理。汇聚节点将接收到的信息根据一定的传输规则通过互联网或卫星网，将信息传输到管理节点。在管理节点侧，信息收集者可以对信息进行管理、监测和收集。传感器网络体系结构如图 8-1 所示。

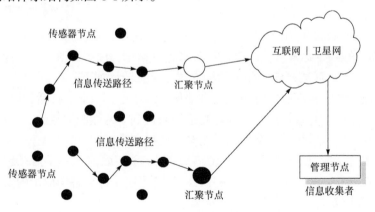

图 8-1 传感器网络体系结构图

简单来说，传感器节点就是简单的嵌入式系统，它的通信能力、处理能力和存储能力都比较弱，通常使用电池供电，因此传感器节点的能耗是影响其正常工作的重要原因。在整个传感器网络体系结构中，传感器节点一方面要收集本地的信息并进行处理，另一方面还要对其进行路由，传输到其他节点，以协作完成一定的信息收集和传输任务。

汇聚节点的通信能力、处理能力、存储能力都比传感器节点要强，是连接传感器节点和外网(互联网、卫星网等远距离公用网络)的中间节点。由于汇聚节点要将信息从一种网络传输到另一种网络，因此节点的首要功能就是要保证汇聚节点可以通过相应的路由协议进行通信。除此之外，汇聚节点还要承接将管理节点的任务下达给每个传感器节点的任务，并按管理节点的要求将接收到的信息进行一定的处理。

8.1.2　传感器网络的关键技术

传感器网络不论从网络组网、信息传递路由规则、数据处理方式，还是节点能耗降低、信息同步等方面都是研究的热点，这里仅介绍一些关键技术。

1. 网络技术

(1) ZigBee 技术

ZigBee 是一种新兴的短距离、低功耗无线通信技术。在无线通信领域，虽然蓝牙技术更为成熟，但在成本控制上，ZigBee 模块因为多采用集成芯片，生产成本可以降至 2 美元，而且较其他无线通信技术，如无线局域网通信而言，其在自组织、低复杂度方面优势明显，可以完全满足家庭及办公环境的需求，更便于商业应用推广。该技术的应用主要集中于便携式消费类电子设备和工业领域监测和自动控制。

由于 ZigBee 的应用多集中于商业和普通的民用领域，为了避免 ZigBee 产品接口、通信等缺少标准规范问题，针对家庭自动化、楼宇自动化、工业自动化三个方向，ZigBee 联盟制定了相关的标准体系。其特性如下。

① 控制性。管理建筑物相关的自动化系统以达到节能、灵活，以及安全性。

② 节能性。有效管理空调、灯光系统来达到节约能源的目的。

③ 灵活性。可快速根据环境需求调整或扩充升级。

④ 安全性。拥有多重的无线感应器传输存取点，采用高级加密标准(advanced encryption standard, AES)128 加密算法，保证各个应用的安全属性，同时增进环境安全。

几种无线技术参数的比较如表 8-1 所示。

表 8-1　几种技术参数的比较

市场名称标准	GPS/GSM 1Xrtt/CDMA	WiFi 802.11b	Bluetooth 802.15.1	ZigBee 802.15.4
应用重点	语音、数据	Web、Email、图像	电缆替代品	监测和监控
系统资源	16Mbit+	1Mbit+	250Kbit+	4～32Kbit+

续表

市场名称标准	GPS/GSM 1Xrtt/CDMA	WiFi 802.11b	Bluetooth 802.15.1	ZigBee 802.15.4
带宽/(Kbit/s)	60～128+	11000+	720+	20～250
网络大小	1	32	7	255/65000
电池寿命/d	1～7	0.5～5	1～7	100～1000+
传输距离/m	1000+	1～100	1～10+	1～100+
成功尺度	覆盖面、质量	速度、灵活性	价格低、方便	可靠、低功率

通常，符合如下条件之一的应用，就可以考虑采用 ZigBee 技术做无线传输。

① 需要实时监测大量的分布点，获得更多分散的数据点。

② 传输的数据量小，需要控制成本。

③ 对数据传输的安全性要求较高。

④ 需要更小体积的监测和数据采集设备。

⑤ 要求设备更加节能。

⑥ 地形复杂、监测点多，需要较大的网络覆盖。

⑦ 需要对移动网络的覆盖进行补充。

⑧ 使用现存移动网络进行低数据量传输的遥测遥控系统。

⑨ GPS 效果差或成本太高的局部区域移动目标的定位应用。

(2) WiFi 与 WLAN 技术

无线局域网是应用最为普遍的无线通信网络，从根本上解决了移动网络的前期成本控制问题，既可满足各类便携机的入网要求，又可实现局域网远端接入等多种功能。

WLAN 的标准设计主要针对 OSI 的物理层和 MAC 子层，使用的频率和ZigBee 标准相近。WLAN 技术与标准的对比如表 8-2 所示。

表 8-2　WLAN 技术与标准的对比

技术与标准	802.11	802.11a	802.11b	802.11g	802.11i	802.11n
推出时间/a	1997	1999	1999	2002	2004	2006
工作频段/ GHz	2.4	5	2.4	2.4	2.4 和 5	2.4 和 5
最高传输速度 Mbit/s	2	54	11	54	300～600	108 以上
实际传输速度 Mbit/s	低于 2	31	6	20	54 和 108	大于 30

续表

技术与标准	802.11	802.11a	802.11b	802.11g	802.11i	802.11n
传输距离/m	100	80	100	150 以上	200 以上	100 以上
主要业务	数据	数据、图像、语音	数据、图像	数据、图像、语音	数据、语音、高清图像	数据、语音、高清图像
成本	高	低	低	低	低	低

WLAN 的一个标准为 IEEE 802.1，俗称 WiFi，是一种商业认证。具有 WiFi 认证的产品符合 IEEE 802.11b 无线网络规范，是当前应用最为广泛的 WLAN 标准，采用的波段是 2.4GHz。IEEE 802.11b 无线网络规范是 IEEE 802.11 网络规范的变种，最高带宽为 11Mbit/s，在信号较弱或有干扰的情况下，带宽可调整为 5.5Mbit/s、2Mbit/s 和 1Mbit/s，带宽的自动调整可以有效地保障网络的稳定性和可靠性。

WiFi 的覆盖范围一般只有 20m，随着发射功率的增大，能够达到 100m。事实上，WiFi 就是无线局域网联盟的一个商标，由于 WiFi 主要采用 IEEE802.11b 协议，因此人们习惯上用 WiFi 来称呼该协议。从包含关系上来说，WiFi 是 WLAN 的一个标准，属于采用 WLAN 协议中的一项新技术。

(3) M2M

M2M 是 machine-to-machine/man 的简称，是一种以机器终端智能交互为核心的、网络化的应用与服务。将无线通信模块嵌入机器内部，通过无线协议和标准实现机器之间的无线通信，可以方便地实现工业控制上的各类监测和指挥，满足当下智能化发展的需求。

M2M 业务平台如图 8-2 所示。

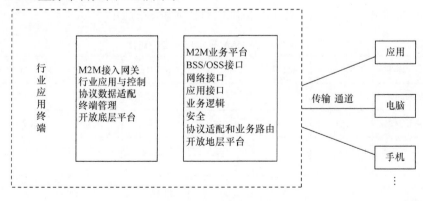

图 8-2　M2M 业务平台

① 无线终端，即特殊的行业应用终端。区别于普通的手持移动设备，该终端主要应用在工业的实时控制领域。

② 传输通道，从无线终端到用户端的行业应用中心之间的通道，实现终端和机器的智能通信交互，实现从终端对产品的控制。

③ 行业应用中心，也就是终端上传数据的汇聚点。行业应用中心用来对分散的行业终端进行监控，其特点是行业特征强，用户自行管理，而且可位于企业端或者托管。

(4) 蓝牙

蓝牙技术是一种开放式无线通信标准，能够在短距离范围内无线连接数字设备。蓝牙无线技术使用全球通用的频带(2.4GHz)，可以确保各种设备之间实时无线交互通信。

蓝牙的技术特点如下。

① 使用全世界通用的频段和跳频技术。现有蓝牙标准定义的工作频率范围是2.4～2.4835GHz。由于工作在公共频段，该频段的产品可以直接应用。为了尽可能避免频段上的其他通信系统的干扰，蓝牙技术还采用跳频技术来消除干扰。蓝牙技术联盟将该频段划分为 79 个跳频信道，每个信道带宽 1MHz。由于蓝牙技术存在不可避免的衰减和同频段其他网络干扰，因此蓝牙接收到短分组后便直接跳到另一频点，蓝牙的连接和寻呼查询转台分别使用不同的调频速度。

② 采用 TDMA 技术。蓝牙应用 TDMA 技术，基带信号速度为 1Mbit/s，采用数据包的形式按时隙传送数据。为了避免无线通信过程中信道拥塞和数据包的碰撞问题，进行数据交互时，数据的传输都是在各自特定的时隙进行。

③ 支持语音和数据的同时传输。蓝牙技术在电路交换与数据包交换的传输类型中分别进行了定义，可以保证语音与数据信息并行传输而不相互干扰或者丢包。电路交换类型主要针对普通的语音交互。这类信号的交互对实时性要求较高，而对数据的准确性没有过多要求。数据包交换类型主要是指网络中的数据交互。这类信息对实时性和准确性都有较高的要求。虽然现在已有许多利用包交换来发送语音的应用服务，如 VoIP(Voice IP)，但是网络拥塞导致的传输时延对信息的交互而言是不能容忍的。蓝牙技术同时支持电路交换和包交换的传输类型，可以很好地支持实时同步定向连接和非实时异步不定向连接。

④ 短距离、低功耗、低成本。蓝牙的短距离传输可以保证较高的数据传输速度。未来的应用是将蓝牙技术整合在单芯片中，以达到低功耗、低成本的目的。同时,蓝牙芯片的发射频率可以根据自动模式调节,正常工作时的发射功率 1mW。在低功率工作模式下，比正常工作模式节省 70%的发射功率。

2. 无线通信技术

无线通信技术是保证无线传感器网络正常运行的关键技术。在传感器网络系统通信技术中，研究者在物理层已经设计出各种不同的调制、同步、天线技术。为了解决各种不同的网络问题，研究者在链路层、网络层和更高层上，已开发出各种高效的通信协议，如信道接入控制、路由、服务质量、网络安全等方面的协议。这些技术和协议为无线传感器网络无线通信方面的设计提供了丰富的技术基础。射频(radio frequency, RF)技术是目前大多数传统无线网络都使用的通信技术，主要使用微波和毫米波提供全向连接。射频通信也有辐射大、传输效率低等问题，因此不适用于微型、能量有限的传感器通信。针对射频技术通信问题，研究者开始使用无线光技术进行通信。与射频通信相比，无线光通信有许多优点，一方面光信号发射天线增益很大，能够大幅提高传输效率；另一方面光通信具有很强的方向性特点，能够使用空分多址(spatial division multiple access, SDMA)技术降低开销，并且其能量效率比射频通信使用的多址方式高。但是，光通信要求视距传输，这限制了其在许多传感器网络中的应用。蜂窝通信系统、无线局域网、移动自组网等传统的无线网络不能直接在传感器网络中使用，主要是因为这些网络通信协议的设计都未考虑无线传感器网络的特殊问题。为了解决无线传感器网络特有的网络问题，必须充分考虑无线传感器网络的特征。

3. 硬件与软件平台

传感器网络低成本、低功耗的硬件和软件平台的设计体现了无线传感器网络的发展程度。采用微机电系统技术，可以大大减小传感器节点的体积。为了降低节点的功耗，在硬件设计中可以采用能量感知技术和低功率电路与系统设计技术。同时，还可以采用动态功率管理(dynamic power management, DPM)技术来高效管理各种系统资源，进一步降低节点的功耗。例如，当节点负载很小或没有负载需要处理时，可以动态关闭所有空闲部件或使其进入低功耗休眠状态。另一方面，如果在系统软件的设计中采用能量感知技术，也能够提高节点的能量效率。传感器节点的系统软件主要包括操作系统、网络协议和应用协议。在操作系统中，任务调度器负责在一定的时间约束条件下调度系统的各项任务。如果在任务调度过程中采用能量感知技术，将有效延长传感器节点的寿命。

许多低功率传感器硬件和软件平台的开发都采用低功率电路与系统设计技术和功率管理技术。这些平台的出现和商用化进一步促进了无线传感器网络的应用和发展。

(1) 硬件平台

传感器节点的硬件平台可以划分为增强型通用个人计算机、专用传感器节点和基于片上系统的传感器节点。

① 增强型通用个人计算机。这类平台包括各种低功耗嵌入式个人计算机和个人数字助理，通常运行市场上已有的操作系统，如 Win CE、Linux，使用标准的无线通信协议，并且具有较强的计算能力，包含更丰富的网络协议、编程语言、中间件、应用编程接口和其他软件。

② 专用传感器节点。这类平台包括 Berkeley Motes、UCLA Medusa 等系列，通常使用市场上已有的芯片，具有波形因素小、计算和通信功耗低、传感器接口简单等特点。

③ 基于片上系统的传感器节点。这类平台包括 Smart Dust 和 BWRC PicoNode 等，目标是实现超低功耗，并具有一定的感知、计算和通信的能力。

在上述平台中，Berkeley Motes 因其波形因素小、源码开放和商用化等特点，在传感器网络研究领域得到广泛使用。

(2) 软件平台

软件平台可以是一个提供各种服务的操作系统，包括文件管理、内存分配、任务调度、外设驱动和连网，也可以是一个为程序员提供组件库的语言平台。典型的传感器软件平台包括 TinyOS、nesC、TinyGALS 和 Mote 等。TinyOS 是在资源受限的硬件平台上支持传感器网络应用的操作系统。这种操作系统由事件驱动，仅使用 178 个字节的内存，但是能够支持通信和多任务处理，以及代码模块化等的功能。它没有文件系统，支持静态内存分配，还能实现简单的任务调度功能。nesC 是 C 语言的扩展，支持 TinyOS 的设计，提供了一组实现 TinyOS 组件和应用的语言构件与限制规定。TinyGALS 是一种用于 TinyOS 的语言，提供一种由事件驱动并发执行多个组件线程的方式。与 nesC 不同，TinyGALS 在系统级而不是组件级解决并发性问题。Mote 是一种用于 Berkeley Motes 的虚拟机，定义了一组虚拟机指令来抽象一些公共的操作，如传感器查询、访问内部状态等。因此，用 Mote 指令编写的软件不需要重新编写就可以用于新的硬件平台。

8.2　互　联　网

8.2.1　互联网技术基础

简单来讲，互联网就是计算机网络实现信息的广泛传播，连接全球用户以实现信息共享。因此，谈到互联网的系统构成，就是介绍计算机网络的系统构成。从系统构成的角度来看，计算机网络可以分为网络硬件系统和网络软件系统。网络服务器、工作站、通信处理设备等基本模块和通信介质构成计算机网络硬件系统。网络操作系统是将网络中的计算机有机地联系起来的操作系统，主要包括网络通信功能、资源管理功能和网络服务功能等。

网络操作系统由网络适配器驱动程序、子网协议和应用协议组成。网卡驱动程序完成网卡接收和发送数据包的处理过程，对网卡、状态寄存器、直接内存存取和 I/O 端口进行硬件操作。子网协议是网络范围内发送应用和系统报文必须的通信协议。应用协议与子网协议进行通信，可以实现网络的高层服务。

在通信介质、通信设备和网络软件操作系统的共同作用下，计算机网络可以实现网络硬件资源共享、软件资源共享和数据资源共享。

计算机的拓扑结构能够反映互联网络的信息发布方式。计算机网络硬件系统的连接形式是指计算机的拓扑结构，主要有星状、环状、总线和网状。星状网络由中心点(集线器 Hub)和计算机连接成网，各计算机通过中心点与其他计算机通信。环状网络指的是网络计算机由公共缆线连接起来，缆线两端连接起来形成一个封闭的环，数据包则在环路上保持固定的方向流动。总线网络是指网络的各个计算机共用一条总线，信息传送以基带方式为主，传送方向总是从发送信息的节点向两端扩散，同一时刻只能有一台计算机发送数据。网状网络的每台计算机可以与其他计算机有三条以上的直接线路连接。各种计算机网络的拓扑结构的比较如表 8-3 所示。

表 8-3　各种计算机网络拓扑结构的比较

网络拓扑结构	常见类型	特点
星状网络	10、100Base-T 以太网	结构简单，易于管理，统一检测和故障隔离，但对集线器依赖较高
环状网络	令牌网	路径选择简单，多用户访问机会平等，但扩展能力不好，对单台计算机影响很大
总线网络	10 Base2、10Base5 以太网	结构简单、易于安装，但过度依赖总线，不易管理
网状网络	异步传输(asynchronous transfer mode，ATM)网络、帧中网络	可靠性高，适用于大型网络和公共通信网，但是费用高、布线困难

8.2.2　互联网的接入方式

由于没有设置中央控制点，互联网是一个网络的松散组合。互联网的技术结构可以分为底层是局域网(local area network, LAN)，如校园内等。局域网需要连接到地区网或本地网，本地网则需要连接到骨干网。骨干网是一个国家的总网，这个总网再与其他骨干网连接。

互联网的接入方式主要有调制解调器拨号接入、专线接入、无线接入、局域网接入和有线电视网的 HFC 接入等。互联网接入方式的对比如表 8-4 所示。

表 8-4 互联网接入方式的对比

接入方式	ADSL	ISDN	拨号接入	光纤同轴电缆混合网
基本原理	接入方式采用点对点形式，带宽由用户独享	通过一条电话线同时打电话和上网	用户使用调制解调器上网，在一定的频率范围内通过普通电话线进行数据传输	有线电视用户采用的接入方式，用户通过电缆调制解调器接入混合网
带宽	宽带	窄带	窄带	宽带
优点	上下行速度非对称，理论最高带宽上行 1Mbit/s，下行 8Mbit/s	速度可达 128Kbit/s	速度 64Kbit/s	最高上下行速度可达 10Mbit/s 和 38Mbit/s
缺点	远距离传输导致信号减弱	存在拨号上网困难及容易掉线等问题	容易出现拨号困难问题	会受到有线电视开机的瞬时影响

8.3 物 联 网

物联网被称为世界信息产业的第三次发展浪潮。物联网的提出一方面是满足物品信息化、智能化的需求，另一方面是科学技术向前发展的重要技术手段，也是科学技术发展的重要过程，包括通信技术、移动通信技术、身份识别技术、网络技术、传感技术、大数据分析技术、物联网软件、算法等。物联网结合传感器网络和互联网的技术，从用户与用户之间的互连、物与人的互连，发展到万物的互连。

8.3.1 物联网技术架构

物联网的技术架构包括信息物品技术、自主网络技术和智能应用技术[31]，如图 8-3 所示。

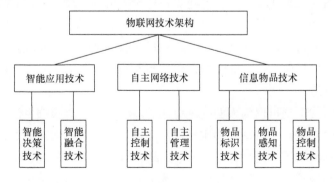

图 8-3 物联网技术架构图

信息物品技术主要针对物品的标识、传感和控制技术。信息网络技术是物理世界与网络世界融合的接口技术之一。自主网络指的是具备自我管理能力的网络系统，主要表现在自愈合、自优化、自配置、自保护能力方面。从物联网未来的应用需求来看，需要扩展现有自主网络的定义，使其具备自主控制的能力。物联网中的自主网络技术包括自主控制技术和自主管理技术两个方面。

智能数据融合技术包括基于策略、基于位置、基于时间和基于语义的数据融合。智能决策控制技术包括基于智能算法、基于策略、基于知识的决策。这些决策技术需要数据挖掘、知识生成、知识更新、知识检索等技术的支撑。

8.3.2　物联网的发展及服务方式

物联网是由许多分布在空间上的自动装置通过无线或者有线通信网络连接组成的计算机应用网络，用来实现信息的采集、信息的分析处理和设备监控等功能，从而达到对物品跟踪、监控、管理等目的。

物联网技术是指以实现物联网连接万物为目的的科学技术，涉及通信技术、移动通信技术、身份识别技术、网络技术、传感技术、大数据分析技术、物联网软件、算法等。

目前，物联网研究和应用的重点领域包括智能工业、智能农业、智能物流、智能交通、智能电网、智能环保、智能安防、智能医疗和智能家居等方面。下面从智能家居、智能物流、智能农业等方面简要介绍物联网的应用服务。

1. 智能家居

目前，以物联网为技术支持的互联互通的家电智能终端产品越来越受到消费者的青睐。随着消费电子产品、计算机和通信网络的整体发展，通过网络连接技术，以传感器为数据采集工具，构建短距离封闭组网环境，可以实现家居电器设备智能化控制和智能生活。

家电设备通过移动网络连接，可以构建家居局域网控制系统。在现有的控制系统中安装相应控制软件，完全能远程控制家居设备，从而实现家电设备和家居网络的互联互通。

智能家居的出现可以为人们提供更加舒适、安全、健康的生活环境。其智能化、现代化、安全化和自动化的实现主要通过对子系统的构建达到，即智能安防子系统、家庭网络子系统、背景音乐子系统、智能照明子系统、家庭能量管理子系统、家庭娱乐子系统、家庭环境子系统、家庭信息处理子系统。智能家居模块系统如图 8-4 所示。

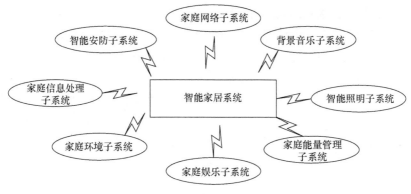

图 8-4　智能家居模块系统图

2．智能物流

随着物联网的出现，物流行业迎来了新的发展契机。物联网的概念最开始就是在物流业兴起的。由于电子化物流的缺点，因此现代物流系统希望可以利用信息生成设备，如无线射频识别设备、传感器或全球定位系统等装置与互联网结合起来形成一个巨大的网络，使之实现智能化的物流管理。

货物从供应者向需求者移动的过程，包括运输、仓储、配送、包装、装卸，以及信息的获取、加工和处理等都是智能的。这样既能为供货方提供最大的利润，又能为需求方提供最佳的货物服务。同时，消耗的资源也降低，是对生态环境的一种保护。

通常智能物流的特点可以用精准化、智能化、协同化来形容。精准化物流就是要物尽所用，发挥最大的作用，把成本最小化。物流企业希望能够利用智能信息处理系统及其相关智能设备实现采购、入库、调拨、装配、运输等工作，将物流的运输、制造等成本降到最低，减少浪费。

除此之外，未来物流系统需要具备的功能还包括智能化采集实时信息，并且能够对采集的信息进行智能化处理，为物流企业提供咨询和策略支持。毫无疑问，物联网对物流企业的发展起到至关重要的作用。有了物联网的协助，物流企业各个物流流程之间就能够平滑连接，实现资金流、物流和信息流的三流合一。

总的来说，物联网的引入使物流行业发生了巨大的变化。下面简单介绍物联网在物流业的几点应用。

① 生产和供应链相融合。射频识别技术和传感器技术的发展，使物与物的互联成为可能。物与物互联又使物流系统、生产系统、采购系统、销售系统的自通和互通成为可能。随着网络的融合，物流系统的生产和供应链也必将融合，从而使物流智能化。

② 物流和社会物联网相融合。物联网的创新是聚合型，系统级的。这将带来跨越多个行业的应用，例如产品的来源、物流状态等都可以从物联网获得。在不久的将来，除此之外的其他物流系统，也会融入进来，形成社会物联网级的物流系统。智慧物流将成为人们智慧生活的一部分。

③ 智慧物流融合多种物联网技术。由于物流系统的逐渐扩大，仅仅依靠射频识别和 GPS 技术已经难以满足应用要求，传感技术、蓝牙技术、视频识别技术、M2M 技术等被逐渐引入物流系统，如冷链中的温度感知、物流安全防盗中的侵入系统感知、控制环节和物流作业引导中的视频感知。

④ 形成多种物流应用创新模式。目前探索物流应用新模式的企业很多，如智慧物流与电子商务相结合的模式、粮食配送和质量监控相结合的模式等。

3. 智能农业

智能农业(工厂化农业)是指在农业环境可以控制的条件下，将传统农业生产的方式改为工业化生产，实现集约、高效、可持续发展的现代超前农业生产方式。简单来讲，智能农业就是采用先进农业设施、技术规范和集约化规模经营的生产方式。这种生产方式结合科研、生产、加工、销售等流程，可以实现全天候、反季节的规模生产。

通过智能农业设备的使用，可以实时采集温室内温度、土壤温度、二氧化碳浓度、湿度、光照、叶面湿度、露点温度等环境参数，还可以自动执行对指定设备的开启和关闭操作。

从层次来看，农业物联网可以划分为信息感知层、信息传输层和信息应用层。

① 信息感知层。这个层面由各个传感器节点组成，利用先进的传感技术，将信息传到汇聚中心，再通过物联网获取。

② 信息传输层。这个层面主要是通过现有的通信方式得到感知信息，并将其通过多种通信协议，发布到网络。

③ 信息应用层。这个层面对数据进行融合，处理后制定科学的管理决策，对农业生产过程进行控制。

信息感知技术、信息传输技术和信息处理技术是智慧农业的几种主要技术。其核心是传感器技术，主要作用是将与农业生产有关的一切需要收集管理的信息，通过传感器收集起来，实现远程监测和控制。

如果把感知技术比作起点，那么信息传输技术就是农业信息的必经之路，最常用的是无线传感网络。

信息处理技术是信息终端使用的技术，也是自动控制的基础。

8.4　车　联　网

8.4.1　车联网新技术

汽车感知技术、汽车导航技术、汽车无线通信技术、电子地图与定位技术、车载物联网终端技术、智能控制技术、海量数据处理技术、数据整合技术、智能交通技术、视频监控技术、第三代移动通信网络技术等共同组成车联网技术体系。

1. 车联网体系结构

车联网是物联网的一个典型应用。随着物联网在智能化领域的快速发展与应用，车联网在智能交通领域的作用也越来越重要。简单的讲，车联网系统就是由车辆的具体位置、速度，以及路线规划等一系列信息构成的巨大交互网络。通过传感技术、定位技术等车辆很容易知道所处的位置，车辆要传输的信息可以被快速传到处理器进行处理。通过计算技术，这些传过来的信息可以得到快速、有效的分析和处理，得到车辆的速度和路线。此外，还可以进行路况播报、交通信号灯提醒等。

对比车联网和物联网的概念及其实现的功能不难发现，车联网技术就是物联网技术在交通系统的具体应用，是对物联网技术的实例化。在车联网中，车辆可以看作物联网的终端，如图 8-5 所示。车联网最大的用途就是实现车与车之间的互连，这里车与车的互连可以延伸至车与路、车与路旁单元、车与人之间的互连。这种车与车之间互连的最终目的就是实现交通的智能化管理和车辆安全行驶。

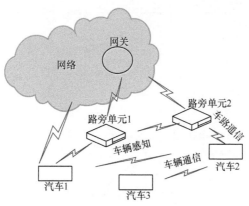

图 8-5　车联网示意图

移动通信网的发展，特别是网络通信技术的日趋成熟，使整个物联网、车联网产业的信息化发展成为必然趋势。拥有庞大用户市场的移动通信网络成为车联网络建设的基础。无线信息传输通道的宽带化及其高性能的数据传输优势，将会提升车联网系统平台整体业务的正确性、完备性、一致性和有效性。

2. 汽车导航技术

一般意义上的导航系统都是以导航主机作为主体，同时以显示系统作为辅助部分。导航系统的内置天线接收卫星传递的位置信息，通过主机读取就可以知道当前所在的位置。然后，主机通过接受互联网的信息，配合汽车目前位置、速度等信息就可以实现汽车导航的核心功能，如图 8-6 所示。

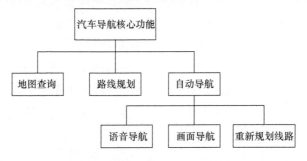

图 8-6　汽车导航的核心功能图

3. 智能交通技术

智能交通是面向交通运输的服务系统。实现车联网功能，车联网技术与智能交通技术融合是必经之路。智能交通技术实际就是通过各种技术实现智能交通系统(图 8-7)。

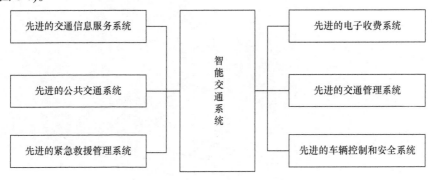

图 8-7　智能交通系统

8.4.2　车联网的发展及服务方式

1. 车联网的特点及作用

车联网的作用大致包括两个方面，一方面是对车辆的信息进行提取和有效利用，包括车辆的位置、速度、目的地、路径的选择等；另一方面是对车辆的运行状态进行监督，同时提供一些其他综合服务。因此，随着车联网技术的发展，车辆再也不是独立的个体，而是与通信网络结合在一起。得益于无线通信技术的发展，现在可以以车辆作为终端，将终端与服务端互相连接起来组成网络。这样的网络就称为车联网。

车联网的研究离不开对物联网的参考与借鉴，但是车联网又具有自身的特点。

① 动态性较高。车联网中的主体是车辆，因此网络节点就是车辆。由于车辆的高动态性，网络拓扑变化更频繁、网络维护费用更高、稳定性更差、寿命更短[32]。

② 干扰因素较多。与一般物联网相比，由于车联网的高动态性，车辆作为节点在移动过程中受到来自路旁建筑物、交通状况、其他车辆的干扰，而这些干扰是很难控制的。

③ 网络联通性不稳定。车辆的高速运动使拓扑快速变化，导致网络联通性不稳定。

④ 稳定的电源和承载空间。由于车联网不能集中供电，因此与物联网相比，车联网的电源问题就成为限制其发展的又一原因。特别是，对于高耗能的设备，电能问题显得尤为重要。

⑤ 对网络的安全性、可靠性，以及稳定性要求更高。因为车辆是在道路上行驶，不可控因素很多，而且对车联网的信息传输实时性和信息可靠性要求也很高，所以对可靠性和稳定性要求较一般网络要更高一些。

车联网的主要作用如下。

① 解决行车安全问题。车联网系统通过实时的广播，可以及时告知驾驶人预警信息，如易发生事故路段、易滑路段和车辆自身安全检测结果等。这就能够在很大程度上保证行车安全，减少交通事故的发生。

② 解决事故处理问题。对于已发生的交通事故，车联网系统可以及时地把事故地点和情况广播出去，提醒附近车辆注意，从而有效避免交通堵塞的发生。

③ 解决信息传递问题。通过每个车辆节点进行道路信息的采集，然后向外广播，最终令更多的车辆获取信息。

④ 减少环境污染问题。车联网系统可以通过实时传递消息，指引和调度车流，减少车辆等待的时间，避免大批车辆拥堵，从某种程度上降低燃油的消耗，减少

尾气的排放，有利于资源的高效利用和大气环境的保护。

2. 车联网的需求和挑战

当今交通领域的主要难题包括交通安全、交通堵塞和环境污染，如何很好地解决这些难题是车联网应用于交通领域的一大挑战。随着车联网的快速发展，车联网的服务需求也在不断地增加，当前车联网需求主要包括语音服务通信服务、定位服务、导航服务、车辆服务中心连接服务、移动互联网接入、车辆第三方信息管理服务、车辆紧急救援、车辆数据和管理服务、车载娱乐服务等。

车联网应用于交通系统的挑战可以归纳为一系列问题，如信息传输的标准形式不统一、编码规范不统一、安全保护体系不健全等。此外，车联网的硬件技术、全面部署成本、网络运营商的兼容问题也是车联网面临的挑战。

因此，需要不断地探索，搭建车联网基础平台，将交通基础设施、交通用户、管理者等一些交通参与者联系到一起，为城市交通管制、突发事件的控制、车辆行驶调度等提供高效、稳定、安全的服务。目前车联网主要面临以下问题。

① 车联网信息统一编码问题。车联网要实现信息的共享、互联，就必须将信息统一的编码模式传递出来，以供使用。目前与车联网相关的编码还没有统一的规范和形式，各个系统或单元都是根据自己的需求进行编码。这就为后面的互联互通埋下了隐患。

② 采集设备的信息化程度低。目前，车联网区域的电子信息化程度还较低，导致这些区域的智能化水平较低。在传统的监测设备上加入智能模块，接入互联网才能满足智能化的基本要求。此外，由于车联网的动态性，车联网的覆盖面积较大，这就引起车联网信息化设备投入的费用较高，一时间难以全面覆盖。

③ 车联网信息安全问题。车联网的安全分为互联网安全问题、物联网安全问题和车联网安全问题。这里主要介绍车联网的安全问题，数据的传输和交换上还没有统一标准，容易引发安全问题。此外，车辆节点数量巨大，容易导致传播时的网络拥塞等问题。

④ 车联网相关软件和服务产业链的成熟度。车联网还没有真正应用到人们的生活中，相关研究机构和企业的投入还不够，导致与车联网相关的软件平台还不够健全，相关的服务业还不够发达。

3. 车联网的应用

车联网能够比较好地解决交通拥堵问题。有预测认为，车联网的应用能够减少约 60%的交通拥堵，提高近 70%的短途运输效率。一方面，车联网可以提高效率，减少成本；另一方面，车联网能够将交通系统需要用到的所有设备联系到一起，提高整个公众资源的利用率。车联网应用举例如表 8-5 所示。

表 8-5　车联网应用举例

分类	具体应用
安全	事故现场预警、十字路口预警、紧急制动、超速警告、疲劳驾驶预警
交通管理	智能交通诱导系统、路径导航、交通信号等智能控制、智能停车场管理系统、电子停车收费系统
公共交通服务	不停车电子收费系统、车辆实时监控系统、公交车智能调度系统
商业增值业务	提供上网、游戏、语音、视频等服务

8.5　智慧城市

智慧城市是指城市结合传感器网、互联网、物联网、车联网等信息化技术，从信息化变为智能化。通信网+互联网+物联网构成智慧城市的基础通信网络。建设智慧城市有两个方面要求：一方面是建设完善的基础设施平台，包括地理信息系统、多媒体信息网络等；另一方面是建立信息化社区，信息化社区中包括城市信息资源、电子商务、公共信息系统等。

智慧城市的建设并没有统一的标准，但主要应包括以下项目。

(1) 智慧公共服务

建设市民呼叫服务中心，实现多种咨询服务方式，如传真、自动语音、电子邮件和人工服务等，开展生产、生活、政策和法律法规等多方面咨询服务和法律帮扶平台。同时，推进社会保障卡等工程建设，实现跨领域、跨行业的一卡通服务，具体通过整合通用医保卡、农保卡、公交卡、健康档案等来实现。

(2) 智慧安居服务

发展社区政务系统、智慧家居系统、智慧楼宇管理、智慧社区服务、社区远程监控、安全管理、智慧商务办公等智慧应用系统，使居民生活智能化发展[33]。

(3) 智慧教育文化服务

建设智慧教育系统，融合学校网络、数字化课件、教学资源库、网络图书馆、教育管理系统、远程教育系统等，建立完善的服务平台，为城市教育智能化提供服务。

(4) 智慧健康保障体系建设

建立一体化的卫生服务体系，构建城市卫生信息管理信息平台，以便各医疗卫生单位信息系统之间进行更好的交互，实现远程挂号、电子平台收费、网络图文体检及相应的诊断系统等，提升医疗和健康服务水平。

(5) 智慧交通

搭建车联网基础平台，将交通基础设施、交通用户、管理者等一些交通参与者联系到一起，为城市交通管制、突发事件的控制、车辆行驶调度等提供高效、稳定、安全的服务。

智慧城市是当前城市发展在先进科技和人民生活需求推动下的自觉转型。感知更加全面、连接更加广泛，这些特点共同构成智慧城市的本质内涵。智慧城市的发展适应当今时代发展，也是一个国家、一个城市实现现代化的重要体现，对推进国家新兴战略产业的发展具有重要意义。

参 考 文 献

[1] 陈应民. 计算机网络与应用. 北京: 冶金工业出版社, 2005.

[2] 陶洋. 信息网络组织与体系结构. 北京: 清华大学出版社, 2011.

[3] 谢希仁. 计算机网络. 北京: 电子工业出版社, 2008.

[4] 阿泽多摩利克. 软件定义网络基于 OpenFlow 的 SDN 技术揭秘. 北京: 机械工业出版社, 2014.

[5] 崔鸿雁. 通信网络管理原理、协议与应用. 北京: 北京邮电大学出版社, 2014.

[6] 郭军. 网络管理. 第 2 版. 北京: 北京邮电大学出版社, 2007.

[7] Ramiro J, Hamied K. 自组织网络 GSM、UMTS 和 LTE 的自规划、自优化和自愈合. 吕召彪,彭木根,潘三明,等译.北京: 机械工业出版社, 2013.

[8] 陶洋. 多维网络及其数据传输方法. 中国专利: 201010210447. 3, 2010.

[9] 张成峰, 谢长生, 罗益辉, 等. 网络存储的统一与虚拟化. 计算机科学, 2006, 33(6): 12.

[10] 斯桃枝, 姚驰甫, 刘琰. 路由与交换技术. 北京: 北京大学出版社, 2008.

[11] 张筵. 浅析 5G 移动通信技术及未来发展趋势. 中国新通信, 2014, 20:2-3.

[12] 方国涛, 黄振陵, 唐婧壹. 宽带接入技术. 北京: 人民邮电出版社, 2013.

[13] 杨震. 物联网的技术体系. 北京: 北京邮电大学, 2013.

[14] 王洪义. 网格计算的发展及发展前景. 科技论坛, 2005,613: 192-194.

[15] 李珍香, 谢连山. 网格体系结构及其发展研究. 计算机工程, 2005, 31: 85-86.

[16] 罗军舟, 金嘉晖, 宋爱波. 云计算: 体系架构与关键技术. 通信学报, 2011, 32(7): 4-10.

[17] 徐光祐, 史元春. 普适计算. 计算机学报, 2003, 26(9): 76-81.

[18] 卢益阳. 分布式存储系统调查. 企业科技与发展, 2011, 16: 53.

[19] 郑纬民, 舒继武. 下一代分布式智能网络存储系统的发展趋势. 世界电信, 2004, 8: 19.

[20] 何丰如. 网络存储主流技术及其发展趋势. 广东广播电视大学学报, 2009,18(74): 105.

[21] 姜宁康, 时成阁. 网络存储导论. 北京: 清华大学出版社, 2008.

[22] 李学龙,龚海刚.大数据系统综述.中国科学:信息科学,2015,45(1):20-22.

[23] 黄小梅.移动设备对电子商务发展的促进作用.商场现代化,2014,(1):113.

[24] 王锡康,马莺姿,柳作栋.基于物联网下智能医疗的应用与发展.计算机产品与流通, 2018, (7):124.

[25] 梁方,朱铁塔.软交换 NGN 业务实现与故障案例分析.数字技术与应用,2015,(12):22.

[26] 颜清华.信息化背景下网络安全漏洞与防范措施分析.信息与电脑(理论版), 2019, (12): 217-218.

[27] 王德禄.移动互联网产业发展分析.中国高新区,2013,(1):26-31.

[28] 陈坚, 申山宏, 成卫青. 网络管理发展及其关键技术. 计算机技术与发展, 2011, 21(4):213-218.

[29] 段海新. 计算机网络安全体系的一种框架结构及其应用. 计算机工程与应用, 2000, 36(5): 24-27.

[30] 陈建元. 传感器技术. 北京: 机械工业出版社, 2008.

[31] 杨震. 物联网的技术体系. 北京: 北京邮电大学, 2013.

[32] 郑智, 魏爱国, 高文伟. 车联网技术与发展. 军事交通学院学报, 2014, (3): 70-73.

[33] 郭理桥. 智慧城市导论. 北京: 中信出版社, 2015.